白羽自别雌雄配套系
（栗色公，白色母）

黄羽自别雌雄配套系
（深色公，浅色母）

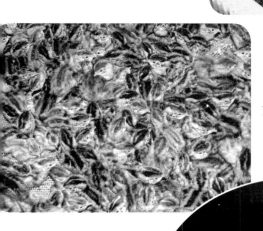

白羽自别雌雄商品代
（白色母，有色公）

1

大棚鹑舍全貌

防直吹、贼风布

标准蛋鹑舍

灯泡布置（一高一低）

2

重叠式产蛋笼

育成笼

半阶梯式产蛋笼

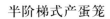

鹌鹑转群周转笼

煤炉加热网床育雏

3

水暖加热系统

火道加热网床育雏

火道及炉灶

收蛋器

捡蛋筐

4

集蛋筐

捕捉器

筛料器

料槽中防止
撒料的网片

育雏自制饮水器

平养杯式饮水器

供水系统

饮水系统

饮水器

鹌鹑饮水

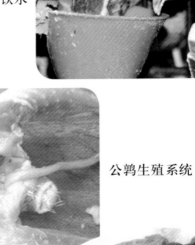

公鹑生殖系统

母鹑生殖系统

7

黄羽鹌鹑苗

网床育雏

蛋 鹑

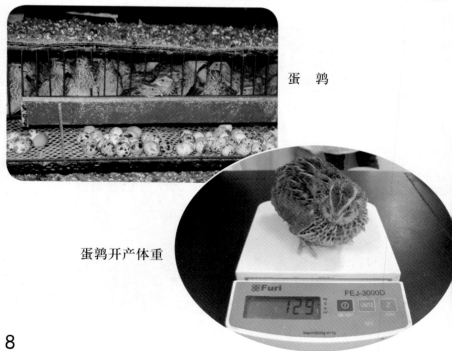

蛋鹑开产体重

鹌鹑高效健康养殖技术

主　编

韩占兵

副主编

姚贵平　　张立恒　　崔　锦

编著者

韩占兵　　姚贵平　　张立恒

崔　锦　刘　健　范佳英

杨朋坤　李新正

金盾出版社

内 容 提 要

本书突出"高效"、"健康"两大主题,总结了近年国内外鹌鹑养殖的最新技术成果,用以指导鹌鹑养殖场(户)高效生产,提高产品质量,从而达到增加养殖效益的目的。内容包括:鹌鹑生产概况、鹌鹑场的建设与准备工作、鹌鹑的品种与繁育、鹌鹑的营养需要与日粮配合、蛋用鹌鹑的饲养管理、肉用鹌鹑的饲养管理、鹌鹑的防疫与保健、鹌鹑产品的加工与销售、鹌鹑场的经营与管理。全书实用性与先进性并重,可操作性强,适合广大鹌鹑养殖户及养殖场技术人员阅读,亦可供农林科研院所相关专业人员参考。

图书在版编目(CIP)数据

鹌鹑高效健康养殖技术/韩占兵主编 . —北京:金盾出版社,2016.1(2017.1 重印)

ISBN 978-7-5186-0581-1

Ⅰ.①鹌… Ⅱ.①韩… Ⅲ.①鹌鹑—饲养管理 Ⅳ.① S839

中国版本图书馆 CIP 数据核字(2015)第 252005 号

金盾出版社出版、总发行

北京太平路 5 号(地铁万寿路站往南)
邮政编码:100036 电话:68214039 83219215
传真:68276683 网址:www.jdcbs.cn
北京四环科技印刷厂印刷、装订
各地新华书店经销
开本:850×1168 1/32 印张:7.25 彩页:8 字数:168 千字
2017 年 1 月第 1 版第 2 次印刷
印数:4 001~7 000 册 定价:21.00 元

(凡购买金盾出版社的图书,如有缺页、
倒页、脱页者,本社发行部负责调换)

目　　录

第一章　鹌鹑生产概况

一、鹌鹑养殖历史与现状

（一）鹌鹑的起源与驯化

1. 鹌鹑起源　鹌鹑属鸡形目、雉科、鹌鹑属鸟类，现代家养鹌鹑是由野鹌鹑驯化而来。野生鹌鹑趋温性明显，广泛分布于欧洲、非洲、亚洲以及中北美洲和大洋洲。全世界鹌鹑分 6 个亚种、20 个种。其中我国境内有 2 种，分别为野生日本鸣鹑和野生普通鹌鹑，野生日本鸣鹑分布于内蒙古和东北地区；野生普通鹌鹑分布较广，如四川、重庆、黑龙江、吉林、辽宁、青海、河北、河南、山东、山西、安徽、云南、福建、广东、海南及台湾等省、直辖市、自治区均有分布。野生鹌鹑在我国大部分地区属于候鸟，但在有些地区是留鸟，如长江中下游地区。野生鹌鹑栖居在平原、荒地、山坡、丘陵、沼泽、湖泊、溪流的草丛中，有时亦潜伏在灌木丛、芦苇间，以谷物、草籽、昆虫为食，有时也到耕地附近活动。每年 5～9 月繁殖，每窝产蛋 7～12 枚，产后开始孵化，寿命一般 3～5 年，最长可达 7 年。属于地栖性鸟类，善隐匿，平时喜欢潜伏于草丛或灌木丛间，或在其中潜行。

鹌鹑最早驯化于日本，日本鸣鹑被驯化为家养鹌鹑已有 600 多年的历史，这种观点目前得到国际动物学界、畜牧学界的广泛认可。但从我国确切的历史记载看，我国的鹌鹑驯化史明显比日本长，早在距今 1000 多年前就有人工饲养的规模群体存在。有学者对江苏和山东交界的微山湖野鹌鹑进行了初步研究,发现其与家养鹌鹑群体的遗传距离比日本野生鹌鹑与家养鹌鹑的遗传距离近得多,因此提出现有的家养鹌鹑很可能起源于中国野生鹌鹑。

2. 我国鹌鹑驯化历史 早在 1 500 年前,我国古代文献中就有鹌鹑的记载。春秋时代《诗经·庸风》中有"鹑之奔奔"等赞美鹌鹑的诗歌。《诗经·魏风·伐檀》指出:"不狩不猎,胡瞻尔庭有县鹑兮;彼君子兮,不素飧兮"。可见,当时鹌鹑就是人们的狩猎对象,除射猎、犬猎外,还有网捕活鹑用于驯养。从西周到战国时期,鹌鹑是贡品和民间祭祀活动惯用的祭品。

隋唐时期,斗鹑开始流行,经调教的鹌鹑能随金鼓节奏殊死搏斗。这种风习在当时随着日本遣隋使、遣唐使及学问僧的归国传入日本。

宋代,鹌鹑主要作为搏斗玩赏之用,在京城汴梁(今开封)一带已有鹌鹑集市贸易和专事烹炸鹌鹑的行业。贩卖鹌鹑的交易已有相当的规模,很可能在附近已有家养鹌鹑群体的存在。《尔雅翼》中记载"鹌鹑虽淳,然却好斗,今人以平底锦囊养之怀袖间,乐观其斗",同时还创造了鸟媒诱捕法。

明代冯梦龙在《喻世明言》中记载有以卖鹌鹑为生的人。虽是文学作品,但很可能有现实基础。明代卓越的医学家李时珍在《本草纲目》中有如下记载:"其在田野,也间群飞,昼者草伏,人能以声呼取之,畜令斗搏"。

清代道光年间的刻本《昭代丛书》中有程石邻的《鹌鹑谱》一书,首述养鹌鹑的始源,尤其有关鹌鹑相法、饲养管理、调习等法,叙述甚详。

(二)我国鹌鹑养殖业历史与现状

1. 鹌鹑养殖业历史 我国最早引进饲养的鹌鹑品种为日本鹌鹑,分别在 1937 年由冯焕文教授从日本鹌鹑育种场引进和

1951年谢公墨氏再次从日本引种,在上海饲养成功,但饲养量小,引进者仅将其作为个人爱好和家庭副业。1978年我国建成了北京市种鹌鹑场,是国内最早专门从事鹌鹑引种、育种、推广的企业,先后从朝鲜引进了龙城系蛋用种鹑,从法国引进了迪法克FM系肉用鹌鹑。在引进国外品种的同时,北京市种鹌鹑场还自己培育出了隐性白羽鹌鹑,建立了世界上第一个鹌鹑自别雌雄配套系,解决了困扰鹌鹑养殖业的雌雄鉴别难题,准确率达到98%以上。1991年南京农业大学林其騄教授发现并培育出黄羽蛋用鹌鹑及自别雌雄配套系。2001年河南周口农校宋东亮教授利用隐性白羽鹌鹑、隐性黄羽鹌鹑和朝鲜鹌鹑培育出了三元杂交鹌鹑配套系,填补了国际空白。

现代商用鹌鹑按照用途分为蛋用鹌鹑和肉用鹌鹑两大类,鹌鹑饲养业已经成为现代家禽生产的重要组成部分,目前全世界鹌鹑存栏数量超过11亿只,仅次于鸡、鸭的饲养量,我国鹌鹑存栏量为3亿只左右(蛋鹑2.5亿只,肉鹑0.5亿只),除了西藏自治区外,其他各省市都有饲养,成为世界第一养鹑大国。鹌鹑因其投资小、占地少、生产性能高,很早就被列入国家"星火计划"项目之一,非常适合资金有限地区的群众和农村养殖户饲养。从《中国鹌鹑网》注册会员与鹌鹑养殖QQ群得到的信息情况来看,我国鹌鹑养殖户集中的地区为中东部,尤其以江苏、河南、山东居多,有个别地区早已形成规模,如江苏连云港、河南焦作、山东潍坊、广东汕头等地。

2. 蛋鹑生产现状 鹌鹑蛋是现代鹌鹑生产的主要产品,经过几十年的发展,鹌鹑蛋已经逐渐被消费者认可,成为一种大众化禽蛋食品,传统加工与现代加工业的发展使鹌鹑蛋的需求越来越大。鹑蛋营养丰富,而且具有一定的滋补功能,容易消化吸收,消费量逐年增加。鹌鹑性成熟在所有家禽中是最早的,而且属于高产家禽,40天左右开产,蛋鹑年产蛋量高达280枚以上。1只母鹑从出壳到产蛋,仅耗料750克,全年耗料9千克,年产蛋3千克,年获纯利3～4元,从单位房舍面积创造的利润来看远远超过了其他家禽。我国北方是鹌鹑蛋的主要产区,山东、河南、河北、安徽、江苏的饲养量都比较大。全国蛋鹑存栏2.5亿只,年产鹌鹑蛋60万吨。鹌鹑蛋的销售渠道很多,而且适合深加工,食用方便,市场容量大,消费前景看好。鹌鹑皮蛋、鹑蛋罐头的加工等很好地解决了鹌鹑蛋销售淡季积压问题。

在品种利用上,过去引进的品种有日本鹌鹑、朝鲜鹌鹑、爱沙尼亚鹌鹑、法国白羽蛋鹑等。在引进的基础上,我国家禽育种专家培育出了鹌鹑新品种,如中国白羽鹌鹑、中国黄羽鹌鹑等,各项生产性指标能有了较大提高,是目前国内最优秀的蛋鹑品种。中国白羽鹌鹑和中国黄羽鹌鹑为隐性纯系伴性遗传,用中国白羽鹌鹑(或中国黄羽鹌鹑)公鹑与有色羽母鹑交配,后代出壳可按羽色自别雌雄。白色或浅色羽为母鹑,深色羽为公鹑,一目了然,鉴别准确率98%以上。自别雌雄配套系目前在国内鹌鹑生产中得到了推广和应用。

河南武陟县、周口市,江苏江阴市、无锡市、赣榆县,河北石家庄,山东嘉祥县等地都是蛋鹑饲养比较集中的地区,特别是河南省武陟县规模最大,服务体系最为完善,已经成为远近闻名的鹌鹑养殖基地。从武陟县谢旗营镇为中心(包括其他乡镇)的鹑蛋生产基地已经成为我国北方最大的鹌鹑养殖基地,2014年饲养量达到3 000万只,年产值达到7亿元。该镇逐步由商品鹑饲养发展为集种鹑繁育、种苗孵化、笼具生产、鹑蛋生产、产品加工与贸易为一体的现代化鹌鹑养殖基地。

3. 肉仔鹑生产现状 肉仔鹑体型大,早期生长速度快,饲料报酬高。35～45日龄上市,活重达200～250克。肉仔鹑内脏小,屠宰率很高,能够烹制成各种菜肴,也可以整只卤制食用。法国、美国是肉鹑养殖大国,生产与消费都处领先地位,培育出了一些优良品种,如美国法老肉用鹌鹑、法国迪克 FM 系肉用鹌鹑等,我国都有引进饲养。

我国肉仔鹑饲养历史较短,是近十多年发展起来的新兴肉禽养殖项目,但在华南、华东已经形成较大的消费市场,养殖也集中于此,上海、南京、苏州、广州等地消费最多。在北方肉鹑消费主要集中在北京、天津等大都市,郊区都有饲养。我国北方利用蛋用型公鹑进行直线育肥,30~35 天可以长到 100~120 克,而产蛋结束淘汰的母鹑,活重在 150 克左右。这些类型肉鹑个体小,适合整只油炸食用,每只活鹑售价一般在 1~2 元。江苏全省肉仔鹑年出栏已经超过 1 亿只,占到全国饲养量的 75%,其中无锡市新安镇和连云港市赣榆县是国内两大肉仔鹑生产基地,上海市场肉仔鹑主要来自于此。仅新安镇,年出栏肉仔鹑 5 000 羽。另外年上市量较大的还有江苏无锡华庄镇 3 000 万羽,上海奉贤区 1 000 万羽,浙江上虞市 700 万羽,浙江舟山市 500 万羽,天津津南区联兴养殖场 150 万羽。

(三)国外鹌鹑养殖业历史与现状

在日本,大约 600 年以前鹌鹑作为一种有价值的鸣禽被饲养,因为人们喜爱其格调优美的鸣声。1596 年后日本出现了笼养鹑,1911 年后出现了专门从事鹌鹑繁殖改良方面的研究活动,并且培育了著名的日本鹌鹑良种;到 1914 年,大约有 200 万只家鹑;20 世纪 30 年代,日本出现了第一个鹌鹑工业企业。第二次世界大战后,由于日本的粮食奇缺,养鹑业一度衰退。现在的商品鹑仅由战后存活的极少数家鹑恢复起来。20 世纪 60 年代后,日本商品鹌鹑迅速增殖,规模达 200 万只。近 30 年来,日本的养鹑业渐渐发展,其饲养数量曾经较长时间居世界之首。现在,其饲养数近 650 万只,数量仅次于鸡的饲养数。

鹌鹑作为狩猎鸟从 20 世纪 30 年代到 50 年代曾几次从日本

引入美国,但都未成功。在 20 世纪 50 年代末作为实验动物引入美国,同时也被引入欧洲、中东,作为商品目的和科学研究利用。日本和朝鲜最早进行鹌鹑的驯化与专业化生产,对蛋用鹌鹑的培育做出了很大贡献,100 多年前就培育了著名的日本鹌鹑和朝鲜鹌鹑,使鹌鹑的产蛋量得到了大幅度提高。法国、美国培育出的肉用型鹌鹑品种,在早期生长速度和产肉性能上有了很大提高。鹌鹑体型小、耗料少、繁殖快、世代间隔短、敏感性好,在国外被广泛用作实验动物来饲养。

二、鹌鹑的经济价值

(一)蛋用价值

鹌鹑蛋是鹌鹑生产的主要产品。鹌鹑蛋不仅营养价值高,而且具有一定的滋补功能。据分析,在鹑蛋中,蛋清比例为 60.4%~60.8%,蛋黄比例为 31%~31.4%,蛋壳仅占 7.2%~7.4%,蛋壳膜占 1%。鹌鹑蛋蛋白质颗粒小,蛋白质的生物学价值明显高于鸡蛋。鹌鹑蛋富含谷氨酸,鲜美芳香,据国内外多次评味鉴定,鹌鹑蛋仅次于珍珠鸡蛋。鹌鹑蛋蛋白质含量高达 22.2%,铁、卵磷脂含量远高于鸡蛋,而胆固醇含量低于鸡蛋。鹌鹑蛋维生素 B_1、维生素 B_2 含量丰富。鹌鹑蛋适合深加工,可以加工成皮蛋、卤蛋、罐头等休闲食品,深受消费者欢迎。从近年来鹌鹑鲜蛋的销售情况来看,鹌鹑蛋的批发销售价格每千克要高于鸡蛋 2~3 元,养殖效益明显。

蛋鹑饲养前期投入较少,每只母鹑从出壳到产蛋,仅耗料 750克,加上鹑苗(0.6 元)和消毒防疫费用(0.05 元),1 只产蛋鹑产蛋前投入约 3.2 元。饲养 1 万只蛋鹑仅需要 3.2 万元周转资金就可以见到效益。而饲养蛋鸡大概每只要投入 25 元,而且房舍和鸡笼投入远高于蛋鹑饲养设施。鹌鹑为多层笼养(一般为6层),重叠式、半阶梯式鹌鹑笼占地面积少,每平方米房舍面积年产蛋量达到426千克(蛋鸡为316千克)。饲养1千只蛋鸡舍可以饲养蛋鹑至少1.2万只。

(二)肉用价值

鹌鹑肉营养丰富,其肉质鲜美细嫩,含脂肪少,多吃不腻,从古至今均被视为野味上品,民谚有"要吃飞禽,还是鹌鹑"之说。根据测定,鹑肉的蛋白质含量高达24.3%,脂肪含量为3.4%,另外胆固醇含量也比鸡肉低。鹑肉味道鲜美,主要原因是肌苷酸含量高。专门化肉仔鹑35~40日龄上市,活重200~250克,饲料转化率3.6∶1。育肥的蛋用型公鹑和淘汰的产蛋母鹑也深受市场欢迎,适合整只油炸或卤制食用。蛋用鹌鹑淘汰后经过屠宰、拔毛、冷冻后上市,一直是畅销货,市场供不应求。专用肉鹑在江苏、北京的饲养量较大,并且逐步被引入全国各地饲养。随着人们消费水平的进一步提高,鹑肉会越来越受到人们的欢迎。

(三)其他价值

1. 药用价值　中医认为,鹌鹑性味甘、平、无毒,入肺、脾经,有消肿利水、补中益气的功效,被视为"动物人参"。《本草纲目》中记载,鹌鹑肉蛋有"补五脏,益中续气,实筋骨,耐寒暑,消热结"之功效,鹑肉、鹑蛋、鹑血均可入药。《食疗本草》中有"食用该种食物,可以使人变得聪明"的记载。现代营养学研究,鹌鹑蛋富含卵磷脂,对神经衰弱有一定的辅助治疗作用。鹑蛋中苯丙氨酸、酪氨酸及精氨酸等必需氨基酸丰富,是糖尿病、结核病、支气管喘息、贫血、肝炎、营养不良、斑秃、妇女月经不调等病人的良好食品。据国外报道鹌鹑蛋生食可治疗过敏症。

2. 实验动物　鹌鹑在国内外被广泛用作实验动物,广泛用于生物学及生物医学领域的科学研究中,具有较高的实验动物学价值,越来越受到科研工作者的关注。鹌鹑作为实验动物和模型动物,具有体型小、耗料少、占地少、易饲养、繁殖快、世代间隔短、敏感性好等优点。自 20 世纪 50 年代以来,其就已在许多学科包括繁殖学、遗传学、营养学、生理学、行为学和毒理学的研究中被应用。目前日本、美国和我国等都在对鹌鹑的实验用途进行研究,不少研究机构已培育出实验用的"无菌鹑"、"近交系鹑"和"无特定病原体(SPF)鹑",鹌鹑作为实验动物越来越受到人们的重视。

3. 玩赏价值 鹌鹑最早驯养是用于观赏和斗鹑。斗鹑是一项民间娱乐项目,始于我国春秋战国时期,在古代鹌鹑因雄性贪食好斗而受到人们喜爱,到唐宋时期发展成玩赏用。斗鹑普及性并不亚于斗鸡,在黄河以南的某些地方,斗鹑仍在流行,如河南郑州、南阳等地还有斗鹑表演。斗鹑是专门的品种类型,现代高产蛋鹑很少打斗。清朝康熙年间贡生陈面麟著有《鹌鹑谱》,书中对 44 个鹌鹑优良品种的特征、特性分别做了叙述,对饲养各法如养法、洗法、饲法、斗法、调法、笼法、杀法以及 37 种宜忌等均有详细记载。

4. 狩猎动物 鹌鹑和山鸡一样,在国外被用作狩猎鸟类。家养鹌鹑飞翔能力有限,不能高飞,只能进行短距离的滑翔,因此非常适合作为狩猎动物。狩猎场在国外非常盛行,是发展旅游业的好项目。随着我国旅游业的进一步发展,鹌鹑作为狩猎动物具有广阔的前景。

三、鹌鹑养殖市场前景

(一)鹌鹑养殖项目分析

鹌鹑养殖适合农村资金有限的农户发展。鹌鹑具有高度的适应性,性成熟与体成熟均较其他家禽早,生产周期短,投资相对较少,资金周转快。在 20 世纪 80 年代就被国家列为"星火计划"项目在全国农村推广,在当前农村经济结构结构调整、农民增加收益方面,是一个值得推广的短平快致富项目。

1. 投入少 鹌鹑养殖业在广大农村地区得到飞速发展的原因就是其投入少,养殖鹌鹑占地面积不大,房前屋后皆可养殖。即使大规模的养鹑场,所占土地、房舍也大大低于其他家禽。由于舍内采取多层笼养设备,鹌鹑笼结构简单,饲养密度又大,所以建筑、设施、资金投入都比其他家禽要低得多。对劳动力的要求也不是很高,不需要繁重的体力劳动。另外,家鹑的适应性和抗病力强,用于防疫的药物开支也很低。

2. 资金周转快 无论蛋用型还是肉用型鹌鹑,40~50 天即可成熟,开始生产产品。肉用型 35 日龄时可达到 200 克以上,仅耗饲料 700 克;蛋用型母鹑全年产蛋大约 280 枚,总重量达 3 000 克,为其体重的 20 倍。所以相对于其他家禽来说,资金周转要快得多。

3. 劳动效率高 饲养鹌鹑棚舍小、占地少、单位面积饲养量高于鸡。笼养时 3.3 米² 房舍地面可饲养产蛋鹌鹑 500 只(以 5 层笼计),且饲养劳动率高,每人可饲养蛋用鹌鹑 2.5 万只,机械化养鹑则饲养量更大。

(二)鹌鹑产品行情分析

1. 鹑蛋消费前景 从鹌鹑蛋行情分析,鹌鹑蛋价格每年都有一个价格波动期,市场决定鹌鹑蛋价格走势,鹌鹑养殖户可以根据当地养殖规模和季节调整存栏量。另外,养鹑户要时刻关注鸡蛋的价格走势,因为很多时候鹌鹑蛋价格会随着鸡蛋的走势而变化,价格比鸡蛋每千克高 2~3 元。

从《中国鹌鹑网》会员报价来看,2012 年鹌鹑蛋的价格趋势为"两头高,中间低",即年初和年底鹌鹑蛋价格稍高,广东最高达到每千克13元、黑龙江最高达到每千克15元;年中鹌鹑蛋价格较低,山东、河南、江西等地最低价每千克仅6.6元,最低的月份当属7月。由此分析,鹌鹑蛋在天冷和逢年过节价格会升高,此时为市场需求旺季;在天气热、又无节日时价格会低,为市场需求的淡季。

2. 鹑肉消费前景 鹌鹑肉是典型的高蛋白、低脂肪、低胆固醇食物,适合中老年人以及高血压、肥胖症患者食用。随着人们收入的增加和保健意识的增强,对优质禽肉的需求逐步增加,鹌鹑肉会逐步走上普通民众的餐桌。肉用鹌鹑养殖在北方发展较慢,今后应逐步引种发展。

第二章　鹌鹑场的建设与准备工作

一、场址选择与场区规划

(一)场址选择

鹌鹑场场址的选择是鹌鹑高效健康养殖的第一步,合理选择场址对于安全生产、保证产品质量至关重要。过去庭院养殖不利于鹌鹑疫病预防,而且会造成生活环境的污染。场址选择的原则如下:有利于防疫,方便饲料原料与产品运输,有利于降低建场费用和保护生活环境。

1. 交通条件　鹌鹑养殖场应选择交通便利的地方,方便饲料、产品等物资的运输。如一个 10 万只规模鹌鹑饲养场年消耗饲料达到 900 吨,生产鹑蛋 300 吨,鹑粪 500 吨。同时为了防疫要求,应远离铁路、交通要道、车辆来往频繁的地方,距离干线公路、村镇居民点 500 米以上。一般都是修建专用辅道,与主要公路相连。为了减少道路修建成本,应选择地势平坦、距离主要公路不太远的地方。

2. 供电稳定　现代化养鹑离不开稳定的电力供应。鹑舍照明、种蛋孵化、饲料生产、育雏供暖、机械通风、饮水供应以及人员生活等都离不开用电。养鹑场必须建在电力供应稳定的地方。

3. 保护环境　鹌鹑养殖场应参照国家有关标准的规定,避开水源防护区、风景名胜区、人口密集区等环境敏感地区,远离村镇、城市边缘,避免粪便、污水对周边环境的影响。养殖场要配套建设粪便处理设施,集中处理粪便,变废为宝,增加养殖收入。

4. 防疫要求 不要在被传染病或寄生虫病污染的地方和旧养禽场上建场或扩建。种鹑场场址应与集贸市场、兽医院、屠宰场、畜禽养殖场距离 1 000 米以上。种鹑场、孵化场和商品(肉、蛋)鹑场必须严格分开,相距 50 米以上,并要有隔离林带。

5. 远离工厂 鹌鹑养殖场应远离重工业工厂和化工厂。因为这些工厂排放的废水、废气中,经常含有重金属、有害气体及烟尘,污染空气和水源,不但危害鹑群健康,而且这些有害的物质会在蛋和肉中积留,对人体也是有害的。养鹑场、鹑蛋、鹑肉运输贮存单位的环境质量应符合《农产品安全质量 无公害畜禽肉产地环境要求》(GB/T 18407.3—2001)的规定。周围 3 千米内无大型化工厂、采矿场。

6. 远离噪声 鹌鹑养殖场应尽量选择在安静的地方,避免鹑群受到应激影响,特别是产蛋阶段鹌鹑对噪声非常敏感。养鹑场距离飞机场、飞机刚起飞后通过的区域、铁路、公路、炮兵营、靶场有一定的距离(至少 500 米)。

7. 地形地势 养鹑场应选择地势高燥、背风向阳、平坦开阔、通风良好的地方建场。地势高燥有利于排水,避免雨季造成场地泥泞、鹑舍潮湿,平原地区应避免在低洼潮湿或容易积水处建场,地下水位在 2 米以下。背风向阳的地方冬季鹑舍温度高,降低育雏费用,而且阳光充足,有利于鹑群健康。

8. 地质土壤 要求土质的透气、透水性能好,抗压性强,以沙壤土为好。土壤质量符合土壤环境质量标准(GB 15618—1995)的规定。根据土壤应用功能和保护目标养鹑场为Ⅰ类土壤环境质量,执行一级标准(表 2-1)。

表 2-1　土壤质量一级标准

项　目	单　位	指　标
砷	毫克/千克	≤15
汞	毫克/千克	≤0.15
铅	毫克/千克	≤35
铜	毫克/千克	≤35
铬	毫克/千克	≤90
镉	毫克/千克	≤0.20
锌	毫克/千克	≤100
镍	毫克/千克	≤40
六六六	毫克/千克	≤0.05
滴滴涕	毫克/千克	≤0.05

注:①重金属(铬主要是三价)和砷均按元素量计;

　　②六六六为4种异构体总量,滴滴涕为4种衍生物总量

9. 水源水质　要求地下水源丰富、水质好、无污染,无异臭或异味,还要了解水质酸碱度、硬度、透明度、有害化学物质含量。与水源有关的地方病高发区,不能作为无公害家禽产品的生产、加工地。鹑场周围500米范围内,水源上游没有对产地环境构成威胁的污染源,包括工业"三废"、农业废弃物、医院污水及废弃物、城市垃圾和生活污水等污物。水质符合《无公害食品　畜禽饮用水水质》(NY/T 5027—2008)的要求。畜禽饮用水质量指标见表2-2。

表 2-2　畜禽饮用水质量指标

项　目	单　位	指　标
pH 值		6.5～8.5
砷	毫克/升	≤0.05
汞	毫克/升	≤0.001

续表 2-2

项　目	单位	指　标
铅	毫克/升	≤0.05
铜	毫克/升	≤1.0
铬（六价）	毫克/升	≤0.05
镉	毫克/升	≤0.01
氰化物	毫克/升	≤0.05
氟化物（以 F 计）	毫克/升	≤1.0
氯化物（以 Cl 计）	毫克/升	≤250
六六六	毫克/升	≤0.001
滴滴涕	毫克/升	≤0.005
细菌总数	个/升	≤100
大肠菌群	个/升	≤3

10. 空气质量　空气质量是影响鹌鹑生长、繁殖、健康和产品质量的重要因素。若养鹑场空气不好，将影响鹌鹑生长，严重时发生疾病，导致重大经济损失。鹑舍中的氨气主要来自粪便、排泄物等含氮有机物的分解，特别是在厌氧条件下的腐败分解。氨具有强烈的挥发性，对眼、上呼吸道黏膜产生刺激，进入血液可结合血红蛋白造成组织缺氧，甚至造成氨中毒。养鹑场周围环境、空气质量应符合《畜禽场环境质量标准》（NY/T 388—1999）的要求。空气环境质量应符合表 2-3 的要求。

表 2-3　禽场空气环境质量指标

项　目	单　位	场　区	鹑　舍	
			雏鹑	成鹑
氨　气	毫克/米³	5	10	15
硫化氢	毫克/米³	2	2	10

续表 2-3

项 目	单 位	场 区	鹑 舍	
			雏鹑	成鹑
二氧化碳	毫克/米³	750	1500	
可吸入颗粒物	毫克/米³	1	4	
总悬浮颗粒物	毫克/米³	2	8	

(二)场区规划

规模化鹌鹑饲养场生产区、生活区与行政区应严格分离。防疫设施要健全,场区大门和进入生产区的门要设有车辆出入通道和人员专用通道,外来车辆和人员经过严格消毒后才能进入场区。饲养人员还需要经过第二次消毒,更换工作服才能进入生产区。生产区又分为育雏区、商品蛋鹑区、种鹑区。孵化室要单独设立与生产区有一定距离(50 米以上)。饲料房要靠近生产区,方便饲料使用。按照场区风向与地表径流布局,从上风头到下风头(或从高到低位)依次为生活区、行政区、生产区、粪污区。饲养人员、鹌鹑和物资运转应采取单一流向,净道与污道单独设置,避免交叉污染。

二、鹌鹑舍建造要求

鹌鹑属于高产家禽,需要舍内饲养,尽量创造稳定的生活与生产环境,保证全年均衡生产。鹌鹑舍是鹌鹑采食饮水、生长发育、交配、产蛋的场所,鹌鹑舍的环境条件直接影响鹌鹑生产水平和健康状况。家庭养鹑,不必特意建造鹑舍,可以利用空闲房屋,但饲养数量较多的专业养鹑户,就必须建设标准的鹑舍。鹑舍建造主要考虑以下几个条件:

第一，保温隔热性能好。鹌鹑对温度极为敏感，尤其是低温对其影响很大，在育雏阶段需要有较高的环境温度。良好的隔热性能能够保证鹑舍冬暖夏凉，减少能源消耗，维持鹌鹑高产。育雏适宜的温度为30～36℃，成年鹌鹑最适温度为20～25℃。产蛋舍内温度低于10℃，产蛋率会显著下降，甚至停产换羽。产蛋舍温度高于30℃，鹌鹑张嘴呼吸，食欲减退，产蛋率下降，蛋壳变薄。因此，鹌鹑舍建造时墙体、房顶要厚实，最好中间有隔热层，内部要设置顶棚。门窗设计要严密，北侧窗户要小，冬季封闭不用。

第二，采光条件好。充足的光照可以促进鹌鹑机体新陈代谢，从而增进食欲，提高生长速度，同时还能促进性成熟和提高产蛋率。鹌鹑舍的建筑一般应坐北朝南或坐西北朝东南，以利于自然采光，降低人工光照成本。鹑舍向阳侧窗户稍大，占到整个墙面的1/3。笼养蛋鹑每天需要保持16～18小时光照，自然光线不足时，要采用人工补充光照。采光良好的鹑舍可以节省电能消耗。

第三，通风良好。鹌鹑舍要留有进出气口，保证通风良好，使舍内保持干燥，降低舍内氨气和二氧化碳等有害气体的含量，以确保鹌鹑正常的新陈代谢，从而有利于鹌鹑的健康生长发育。一般需要安装排气风扇，进行负压通风。夏季通风良好，还可以降低舍内温度、湿度，减少热应激。一般要求舍内空气相对湿度为55%，潮湿闷热环境易诱发球虫病、肠胃炎与禽霍乱等疾病。在南方潮湿地区建舍，地面要有防潮层。

第四，有利于卫生防疫。鹌鹑舍内以水泥地面为好，便于清洗，能耐酸、碱等消毒药液的浸泡。地面应平整、光滑、略有坡度，不积水。还应留有下水道口，以便冲洗和消毒。鹌鹑舍入口处设有消毒池或消毒盆。鹌鹑舍必须坚固，以防鼠、猫和黄鼠狼等天敌入侵。还应有防鸟设备，防止飞鸟进入，传播疫情。在进出气孔、下水道口、窗户都要设置铁丝网，防止其他动物（飞鸟、老鼠、野兽）进入鹑舍。

三、鹌鹑养殖设备用具

(一)笼 具

鹌鹑个体小,各阶段都适合笼养,特别是产蛋期几乎全部为多层笼养。因此,鹌鹑笼具是鹌鹑生产的主要设备。鹌鹑规模养殖在我国发展了近30多年,但各地生产的笼具结构都有所差异,各阶段鹌鹑笼也不同,主要以叠层式为主,人工加料为主。但新型的阶梯式、自动上料的鹌鹑笼也已经研制成功,在生产中得到了应用。中小型鹌鹑饲养户也可以按照不同生长阶段自制笼具。

1. 雏鹑笼 主要供0~3周龄的雏鹑使用,也可以养到5周龄后直接转入产蛋笼。育雏笼(图2-1)一般为叠层式,4~6层,规格为120厘米×60厘米×25厘米,底网为6毫米×6毫米或10毫米×10毫米金属镀锌网板,网底设承粪盘。单笼放入150只雏鹑。为了保证雏鹑腿部的正常发育,育雏前1周要求在笼底铺上垫布,经常清洗更换。给温室用木板或塑料制作,正面设玻璃小

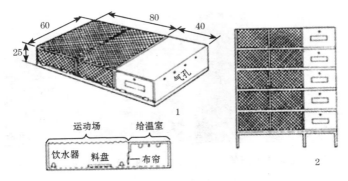

图 2-1 鹌鹑育雏笼 (单位:厘米)

1. 单层规格 2. 横截面

窗,便于观察。热源可采用白炽灯、电热丝(300 瓦、串联、均匀分布)、电热管(板)等。配置专用料盘与饮水器。

2. 育成笼 供 4～6 周龄鹌鹑使用,也可以饲养育肥仔鹑,规格与成鹑笼结构相似,无集蛋槽。单笼高 12 厘米,两单笼间距 18 厘米,有利于通风,减少跳跃。单笼可以饲养 60 只仔鹑。

3. 产蛋笼 专供产蛋鹌鹑使用。产蛋笼要求适度宽敞,确保正常配种、采食、饮水和减少破蛋率。按笼子形状来分,有重叠式(图 2-2)、阶梯式(图 2-3)2 种。其中重叠式占地面积少,造价低,生产中应用较普遍。武陟谢旗营鹌鹑养殖基地使用的鹌鹑产蛋笼,重叠式 6 层,总高度 150 厘米,每层笼前沿高 16 厘米,后沿高 13 厘米,加上承粪板共 25 厘米。承粪板用胶板,耐腐蚀,也可以 2～3 层接一张承粪板,这样比较省事,减少清粪劳动强度。笼壁棚条间距 2.5 厘米,底网网眼 20 毫米×20 毫米或 20 毫米×15 毫米。产蛋笼(种鹑笼)低网有一定倾斜度,便于鹑蛋滚动至集蛋槽,集蛋槽宽度 18 厘米,可以存放鹌鹑 2 天所产的蛋。阶梯式产蛋笼可以设计成刮粪板自动清粪,料机自动喂料,但要注意料槽足够深,防止撒料(图 2-4)。

图 2-2 重叠式产蛋笼

图 2-3 阶梯式产蛋笼

4. 种鹑笼 为了便于交配,种鹑笼要适当增加每层高度,每层笼加承粪板总高度由商品蛋鹑的 25 厘米增加到 30 厘米。总层数由 6 层减为 5 层(图 2-5)。饲养密度,蛋种鹑每平方米 60 只,肉种鹑每平方米 48 只。

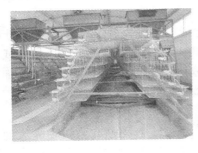

图 2-4　自动加料、
清粪的产蛋笼

图 2-5　5 层种鹑笼

(二)育雏网床

网床育雏是一种比较科学的鹌鹑育雏工艺,尤其适合 10～15 天以内的雏鹑。其优点是在一个平面进行育雏,便于饲养人员加料、加水、观察鹑群。而且光照强度合理,育雏成活率高。网面大小根据房舍面积而定,要求方便网床摆放,中间需要留有走道,方便饲养人员走动。

1. 网床设计一　网床底网高度 100 厘米,边网高度 30 厘米,网长度 250 厘米,宽度 100 厘米,可以饲养 15 天以内雏鹑 500 只,15 天以后可以转入育成笼或产蛋笼饲养。

2. 网床设计二　网床底网高度 60 厘米,边网高度 30 厘米,网长度 210 厘米,宽度 150 厘米,可以饲养 10 天以内雏鹑 800 只,10 天以后可以转入育成笼饲养。

（三）育雏加温设备

鹌鹑育雏期对温度的要求较高，根据育雏规模、饲养方式不同，需要选择合适的加温设备。

1. 水暖加热（暖气） 是一种传统的房舍加热方法，主要用于民用加热，现在已经广泛用于家禽养殖育雏舍的供暖。由燃煤或燃气锅炉、热水管道、水循环泵、散热片、散热风机等组成。水暖加热运行平稳，不易造成鹑舍太干燥，温度可以实现自动控制，用于规模化鹌鹑育雏。

图 2-6 GMF 全自动燃煤热风机

2. 热风炉 是一种先进的供暖装置（图 2-6），广泛应用于畜禽舍加温。由室外加热炉、室内送风管道等部分组成。燃料主要以烧煤为主。自动控制进风量，自动控制热风输出，自动控制环境温度；独有整体保温隔热设计，热损耗降低；升温快，体积小，安装方便，使用可靠，且价格低（只相当于水暖加热的一半）。其缺点是容易造成鹑舍湿度过低，注意加湿。

3. 火道加热 是小型养殖户使用较多的一种加温方式，设施建造成本低，加热费用小。但要注意火道要密封好，炉灶最好要设在舍外，墙外侧建一个较高的烟囱（高出鹑舍 1 米以上）。火道加热对地面平养育雏、火炕育雏、网上平养育雏较为适宜。

4. 火炉供暖 火炉由炉灶和铁皮烟筒组成。炉灶可以放在室内，也可以设在室外，炉上加铁皮烟筒，在室内提供热量后，烟筒伸出室外，烟筒的接口处必须密封，以防煤烟漏出，致使雏鹑煤气中毒死亡。此方法适用于中小规模的养鹑场育雏及北方产蛋期辅助加热。火炉供温方便简单,但容易造成温度忽高忽低,注意夜间管理,后半夜如果煤炉灭火会造成雏鹑扎堆压死。

(四)采食、饮水设备

1. 采食设备 平养雏鹑用开食盘(图 2-7)喂料,均匀摆放在网面或笼内。开食盘使用时间为 1 周,平养 1 周后改用小料桶(图 2-8)喂料,避免造成饲料的浪费。鹌鹑上笼后需要用料槽喂料,挂在笼边,方便采食。料槽一般用塑料制成,便于添料、冲洗和消毒。在料槽内饲料上铺上一块铁丝网,网眼 10 毫米×10 毫米,防止鹌鹑把饲料挑出槽外。

图 2-7　开食盘　　　　　　图 2-8　雏鹑料桶

2. 饮水设备 平养育雏期可自制简易饮水设备(图 2-9),方法为用玻璃罐头瓶装上水后倒扣在一个小瓷碟上,小碟中比较浅的水面可供雏鹑饮用,避免雏鹑把羽毛弄湿。上笼后的鹌鹑现在普遍使用自动杯式饮水器饮水(图 2-10),连接自来水管或储水罐,自动饮水杯设置在每层笼的两侧即可,也可以用自制饮水杯(罐)挂在笼子前网一侧。过去长条形水槽很少使用,容易漏水,清洗、消毒不方便。网上平养也可使用自动杯式饮水器。

图 2-9 自制简易饮水器   图 2-10 杯式饮水器

3. 加料车 为上宽下窄大轮车(图 2-11)。上口宽 50 厘米,下底宽 40 厘米,深度 40 厘米,料车长 150 厘米,可以装料 120 千克。

图 2-11 鹌鹑加料车

(五)其他设备

1. 喷雾消毒设备 主要是用于对消毒对象喷洒雾化的消毒

药物,杀灭消毒对象表面的微生物。

(1)推车式喷雾消毒设备　见图2-12。适合规模养殖场。设备在开启后水箱内的消毒药水通过胶水管进入喷枪,在高压力的作用下,消毒药水呈雾状从喷嘴内喷出,将水雾喷洒在物体的表面。

图 2-12　推车式喷雾消毒设备

(2)背负式喷雾器　见图2-13。适合小型养殖户。一种背负杠杆式手动喷雾器。具有不漏水和药液,操作简便、安全和轻便等优点。

图 2-13　背负式喷雾器

2. 断喙器 见图 2-14。使用电压 220 伏,消耗功率 220～250 瓦。鹌鹑断喙在生产中普及率不高,但啄癖现象时有发生,应该在产蛋前适当进行断喙处理。

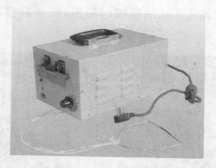

图 2-14 台式电热断喙器

3. 蛋筐 用于鹌鹑蛋的收集、贮存、运输。小型拣蛋筐用于拣蛋,方便人员手持。塑料贮蛋筐适合商品蛋贮存与运输,每箱 15 千克左右。

4. 周转笼 用于鹌鹑转群或商品鹌鹑出售,一般为细钢筋作框,塑料网片围成。笼长 75 厘米,宽 60 厘米,高 30 厘米,每笼分为 2 层,可以周转雏鹑 200～300 只,淘汰蛋鹑 150～200 只。

第三章　鹌鹑的品种与繁育

一、鹌鹑的外貌特征与生活习性

(一)鹌鹑的外貌特征

1. 野生鹌鹑　头小尾短,成年鹌鹑呈纺锤形,外形似雏鸡。喙细长而尖,无冠髯和耳叶。胫部表面无鳞片,无距,胫部无羽毛。公鹑上体有黑色和棕色斑相间杂,具有浅黄色羽干纹,下体灰白色,颊和喉部赤褐色,喙铅灰色,胫淡黄色。母鹑与公鹑颜色相似,但背部和两翅黑褐色较少,棕黄色较多,前胸具褐色斑点,胸侧褐色较多。公鹑好斗。成年鹌鹑体重为 66～118 克,体长 148～182 毫米,尾长约 46 毫米。

2. 家养鹌鹑　由野鹌鹑驯化而来,公鹑体型略小于母鹑。经过长期的遗传改良,家鹑与野生鹌鹑外貌有差别,如羽色变异,体型变大,体重增加。羽色以野生羽色为主,是栗色花纹型,但培育品种中也有白色、黄色类型。成年蛋用型家鹑体重 110～150 克,肉用型家鹑体重 200～250 克。成年公鹑的泄殖腔腺发达外裸,栗色羽类型公鹑和母鹑羽色有区别:公鹑额头、脸部、喉部均为砖红色,其他部位黑褐色,间有黄白色条纹,腹部黄白色;母鹑额头、脸部、喉部均为近白色,胸部有许多较大的褐色斑点,身上的黄白色条纹较深。

(二)鹌鹑的生活习性

1. 野性尚存 家鹑与野鹑相比生物学特性已有很大差别,但仍保留了一些野鹑的行为习性,诸如能短距离飞翔,喜跳跃和快步行走,爱鸣叫。特别是公鹑叫声高亢,反应敏捷,好斗。母鹑有时也会发生啄斗行为。家养鹌鹑在选种时,应尽量选择野性弱的个体留种。

2. 早成雏 鹌鹑为早成雏禽类。在孵化过程中雏鹑得到了充分发育,刚出壳时绒毛丰满,眼睛睁开,腿脚有力。绒毛完全干后就可自由活动、独立觅食,适合人工育雏。

3. 新陈代谢旺盛 家养的鹌鹑喜动,并不停地采食,每小时排粪 2～4 次。其新陈代谢较其他家禽旺盛,体温高而恒定,成年鹌鹑体温 40.5～42℃,心率每分钟 150～220 次。呼吸频率受室温变化的影响较大,公鹑一般为每分钟 35 次,母鹑 50 次。

4. 摄食行为 野生鹌鹑在地面找食,为杂食性禽类,各种植物嫩叶、浆果、草籽、昆虫都是它的食物。人工驯化后鹌鹑喜欢采食颗粒状饲料,如果饲料粉碎太细会造成采食困难,粉料拌湿后可以增加采食量。鹌鹑采食行为比较有规律,正常情况下鹌鹑在早晨和傍晚进食和饮水较频繁,两次间隔时间很短,下午采食次数较少,在下午产蛋后 1 小时内基本停止采食。每天天亮后不久和天黑前 1 小时是一天中进食量最大的时间,应注意加料。鹌鹑具有明显的味觉喜好,喜食甜酸味的饲料。

5. 喜欢温暖的环境 鹌鹑为候鸟,不同于其他家禽,对温度变化较为敏感。野生鹌鹑每年春、秋两季都要进行长距离迁徙。人工饲养条件下,鹌鹑生长和产蛋均需要较高的环境温度。鹌鹑喜欢生活于温暖干燥的环境,对寒冷和潮湿的环境适应能力较差。鹌鹑适宜的环境温度范围为 15～28℃,最佳产蛋温度为 20～22℃,在这个温度范围内可以达到理想的饲料转化效率。气温低于 10℃时,产蛋量锐减,甚至停产,并出现脱毛现象。气温超过 30℃时,食欲下降,产蛋减少,蛋壳变薄易碎。鹌鹑对温度的变化比鸡更为敏感,要密切注意,保证昼夜温差不要过大。

6. 性成熟早,生产周期短　鹌鹑新陈代谢旺盛,生长发育快,为性成熟最早的家禽,从出壳到产蛋只需要 40 天左右。鹌鹑无抱性,年产蛋量和平均产蛋率都超过了蛋鸡,蛋用母鹑年产蛋量超过 300 枚,个别个体达到 400 枚(有时 1 天产蛋 2 次),产蛋期可以持续 10～12 个月,当产蛋率下降到 60% 以下时可以淘汰,消毒房舍后饲养下一批。肉鹑 35～40 天上市,活重达到 200～250 克,同一鹑舍每年可饲养 7～8 批。因此,鹌鹑养殖真正是投资少、见效快的养殖项目。

7. 反应机敏,易受到应激影响　鹌鹑个体小,不善高飞,野生鹌鹑往往是各种兽类的攻击对象,国外把鹌鹑作为狩猎鸟类。因此野生鹌鹑富于神经质,对周围的环境反应敏感,随时准备躲避敌害。家养鹌鹑虽然经过了近百年的人工驯化,但野性尚存。因此饲养鹌鹑应选择比较安静的地方建场,饲养人员要固定,不能随意更换,日常各项操作动作要轻,不能有大的响动,否则容易出现惊群现象,导致鹌鹑死亡和产蛋率突然下降。

鹌鹑在转群捉放过程中应激表现非常明显:羽毛竖立,猛冲猛跳,一旦脱手非常健飞。入群之初采食饮水都有减少,警觉性采食,头忽伸忽缩,左右观望……要适应一段时间。感觉反应以听觉为主,当室内外环境出现有异常声音时(多是人所不察觉),全群立刻都仰起头伸直颈一动不动,鸦雀无声,过一会儿又活跃起来。鹌鹑对声音的敏感度非常高,尤其是忽然听到激烈的声音反应更明显。当鹌鹑听到鞭炮声或者喇叭声等就会飞起来,不顾一切地冲撞笼子。所以,养鹌鹑的场地应尽量选在远离街道和闹市的地方,避免汽车的轰鸣声和其他声响对鹌鹑的刺激。

8. 适合笼养　鹌鹑个体小,具有栖高性,适合高密度笼养。

种鹑笼养也能进行正常交配,保持较高的受精率。笼养鹌鹑管理方便,加料、加水、收蛋、疫苗接种效率大大提高,促进了规模化鹌鹑生产的发展。

9. 有斗性 鹌鹑生性好斗,我国部分地区及亚洲某些国家把公鹑用作斗鹑进行娱乐和表演。种公鹑在繁殖季节常为争夺配偶而打斗,因此应确定合适的配种比例,避免公鹑太多。种鹑要降低饲养密度,一般公母比例为 1∶3,商品鹌鹑在育雏期可以进行断喙处理。但种公鹑不能断喙,否则不能进行正常交配。鹌鹑欺生,对新转入群的鹌鹑有攻击行为,表现啄羽、驱赶。

10. 喜沙浴 野生鹌鹑酷爱沙浴,可以借此清除体表寄生虫。现代家养鹌鹑基本为笼养,限制了其沙浴行为,但即使在笼养条件下,也会用喙啄取饲料撒于身上进行沙浴,或在食槽内沙浴,饲养中应注意避免造成饲料浪费。

二、鹌鹑的品种与引种

(一)鹌鹑主要品种

家养鹌鹑按用途分为蛋用和肉用两大类,每一类都有若干高产培育品种。

1. 蛋用鹌鹑品种

(1)朝鲜鹌鹑 育成于朝鲜,俗称花鹌鹑,是分布最广、饲养数量最多、养殖历史最悠久的品种。该品种适应性好,产蛋性能高,抗病能力强。成年鹌鹑羽毛呈栗褐色,公鹌鹑脸部、下颌以及喉部呈淡褐色,胸部羽毛为砖红色;母鹌鹑面部呈淡褐色,下颌呈灰白色,胸部羽毛为灰白色并有匀称的小黑点。成年体重公鹌鹑平均130 克,母鹌鹑 150 克。40 日龄开始产蛋,年平均产蛋量 260 枚,平均蛋重 12 克,壳色为棕色或青紫色的斑块或斑点,产蛋率为

75％～80％,单只日耗饲料 24 克左右,料蛋比为 3：1。朝鲜鹌鹑引入我国后利用率较高,而且经过育种场的进一步选育,生产性能有所提高,目前多作为自别雌雄配套系母本品系。李明丽(2012年)对朝鲜鹌鹑早期体重与 38 日龄屠宰性能进行了测定(表 3-1,表 3-2):公、母鹑 10 日龄体重差异不显著($P>0.05$),其他日龄母鹑体重均极显著($P<0.01$)大于公鹑体重,母鹌鹑的半净膛率和胸肌率显著高于公鹑($P<0.05$)。

表 3-1　不同日龄朝鲜鹌鹑体重发育　(克)

日　龄	公鹌鹑	母鹌鹑	平　均
10	28.06	28.83	28.45
17	50.36	52.48	51.42
24	74.60	78.16	76.38
31	97.17	101.94	90.01
38	109.39	117.92	113.66

表 3-2　38 日龄公、母鹑的主要屠宰性能指标　(％)

屠宰性能指标	公	母	平　均
屠宰率	89.58	89.71	89.64
半净膛率	79.30	79.73	79.52
全净膛率	62.60	62.69	62.65
腿肌率	19.86	19.53	19.70
胸肌率	30.76	31.46	31.10

屠宰率和全净膛率是衡量家禽产肉性能的主要指标。一般认为屠宰率在 80％以上、全净膛率在 60％以上,肉用性能良好。试验结果显示,38 日龄朝鲜鹌鹑的屠宰率在 89％以上,全净膛率在 62％以上,表明朝鲜鹌鹑的产肉性能也较好。

（2）中国白羽鹌鹑　由北京市种禽公司种鹌鹑场、中国农业大学和南京农业大学等联合育成的白羽鹌鹑新品系，为隐性白羽纯系，由朝鲜鹌鹑白羽突变个体选育而成，体羽洁白，偶有黄色条斑，眼粉红色，喙、胫、脚为肉色。年产蛋数与蛋重均超过了朝鲜鹌鹑。白羽基因为隐性伴性遗传基因，白羽鹌鹑作为自别雌雄配套系的父本使用，自别雌雄配套模式为中国隐性白羽鹌鹑公鹑与有色羽母鹑交配，后代出壳后即可按羽色自别雌雄：浅黄色为母鹌鹑（后变为白色），有色羽为公鹌鹑。北京市种鹌鹑场饲养指标：成年公鹑体重130～140克，母鹑160～180克，6周龄开产，年平均产蛋率85％，蛋重11.5～13.5克，蛋壳有斑块与斑点，每天每只耗料23～25克，料蛋比为2.73：1，采种日龄为90～300天，受精率90％。其缺点是育雏期视力差，育雏条件高，成活率低。

（3）中国黄羽鹌鹑　朝鲜鹌鹑隐性黄羽类型很早就被人们发现，南京农业大学种鹌鹑场首先育成并推广。体羽浅黄色，夹杂褐色斑纹。初生雏胎毛浅黄色，喙、脚浅褐色。6周龄开产，年产蛋量260～300枚，年平均产蛋率83％，蛋重11～12克，料蛋比2.7：1，蛋壳颜色同朝鲜蛋鹑。中国黄羽鹌鹑适应性较强，耐粗饲，生产性能稳定。具有隐性伴性遗传特性，为自别雌雄配套系父本品系，出壳后可根据胎毛色彩自别雌雄。该品种适应性广，育雏期容易管理，成活率高，耐粗饲，生产性能稳定，体质较好，抗病力强，杂病少，饲养期为14个月，自然淘汰率5％～10％。河南科技大学庞有志等对成年黄羽鹌鹑体尺指标进行了测定（表3-3）。

表3-3　黄羽鹌鹑的主要体尺与体重

性别	胫长（厘米）	胸宽（厘米）	胸深（厘米）	胸骨长（厘米）	体斜长（厘米）	体重（克）
公鹑	3.56	3.20	4.49	3.81	8.75	129.08
母鹑	3.64	3.33	4.65	3.94	9.10	157.58

（4）自别雌雄配套系　根据伴性遗传的交叉遗传规律，在蛋用鹌鹑生产中采用固定的杂交模式，达到子代自别雌雄的目的。这种固定的杂交模式为携带纯合隐性伴性基因的品系作父本，携带显性伴性基因的品系作母本，杂交子一代可根据胎毛颜色自别雌雄，具有较高的育种与生产价值，生产中常用的配套模式有以下三大类：

①隐性白羽公×栗羽母（朝鲜鹌鹑、法国肉用鹌鹑等）　由北京市种禽公司、中国农业大学和南京农业大学等研究成功，经 13 批试验论证子一代初生雏淡黄色羽为雌雏（初级换羽后即呈白色羽），栗羽则为雄雏，自别准确率 100%。河南科技大学测定：杂交白羽商品代 51 天开产，年平均产蛋 286 枚，平均蛋重 12 克，料蛋比 2.8：1。

②隐性黄羽公×栗羽母（朝鲜鹌鹑）　由南京农业大学进行了配套系测定研究。其商品代雏鹑胎毛颜色为黄色者（背部隐约有深黄色条斑）为雌雏，栗褐色者则为雄雏。经多年测交试验，此种正交的杂交雏生活力强，育雏率可达 93%以上，母鹑生产性能较朝鲜母鹑强。河南科技大学测定：杂交黄羽商品代 49 天开产，年平均产蛋 281 枚，平均蛋重 11.5 克，料蛋比 2.73：1。

③三元杂交制种　黄羽系公鹑与朝鲜鹌鹑龙城系母鹑交配，子一代自别雌雄黄羽母鹑再与白羽公鹑交配，子二代公鹑为栗羽淘汰，母鹑为白羽利用（图 3-1）。

黄羽系（♂）×龙城系（♀）

⇓

F_1 黄羽（♀）×白羽系（♂）

⇓

F_2 白羽（♀）商品蛋鹑

图 3-1　蛋用鹌鹑三元杂交制种模式一

用白羽系公鹑与朝鲜鹌鹑龙城系母鹑交配，子一代自别雌雄白羽母鹑再与黄羽公鹑交配,子二代公鹑为栗羽淘汰,母鹑为黄羽利用(图 3-2)。

$$白羽系(♂)×龙城系(♀)$$
$$\Downarrow$$
$$F_1\ 白羽(♀)×黄羽系(♂)$$
$$\Downarrow$$
$$F_2\ 黄羽(♀)商品蛋鹑$$

图 3-2　蛋用鹌鹑三元杂交制种模式二

上述 2 种配套系的出现极大地丰富了我国鹌鹑生产的配套体系,推动了伴性遗传原理在鹌鹑生产中的应用,在生产上具有重大的推广价值。其中黄羽和白羽正反交均可组成自别雌雄配套系,这是国内外发现的唯一一种能通过正反交(双向)自别雌雄的配套系。

(5)日本鹌鹑　为世界著名的蛋用型品种,育成于日本,是鹌鹑种的重要基因库,以体型小、产蛋多、纯度高而著称于世。体羽呈野生型栗褐色(麻色),3 周龄时就具有成年鹑的颜色。母鹑胸部羽毛呈浅灰色并有黑斑。公鹑胸部砖红色,无斑,换毛后,颈前就长出长而尖的羽毛。成年体重公鹑 110 克,母鹑 140 克。限饲条件下,母鹑 6 周龄开产,年产蛋 250～300 枚,高产品系母鹑年产蛋超过 320 枚,平均蛋重 10.5 克,蛋壳上布满棕褐色或青紫色的斑块或斑点,不同的是,棕褐色蛋壳常有光泽,而青紫色蛋壳无光泽。

日本鹌鹑对饲养环境要求较高,要求温度适宜、光照合理、环境安静、空气清新,而且种蛋受精率较低,对饲料中蛋白质含量、原料品质要求较高,适合密集型饲养。我国曾在 20 世纪 30 年代、50年代和 90 年代引进饲养,后来品种退化严重。近年湖北武汉从我国台湾省引进日本鹌鹑,用于制作皮蛋或熟蛋制品销往日本。

（6）爱沙尼亚鹌鹑　是蛋肉兼用的鹌鹑品种。体羽为赭石色与暗褐色相间,公鹑前胸部为赭石色,母鹑胸部为带黑斑点的灰褐色。身体呈短颈短尾的圆形,背前部稍高,形成一个峰。母鹑比公鹑重 10%～12%,具飞翔能力,无就巢性。该品种主要生产性能:年平均产蛋 315 枚,产蛋总量 3.8 千克,平均开产日龄 47 天,成年鹌鹑每天耗料量为 28.6 克,每千克蛋重耗料 2.62 千克。35 日龄时平均活重为公鹑 140 克、母鹑 150 克,平均全净膛重为公鹑 90克、母鹑 100 克。河南省武陟县有引进饲养。

（7）神丹 1 号鹌鹑配套系　是由湖北神丹健康食品有限公司与湖北省农业科学院畜牧兽医研究所历经 8 年共同培育的蛋用鹌鹑配套系,2012 年 3 月获得了国家畜禽遗传资源委员会颁发的畜禽新品种配套系证书。神丹 1 号鹌鹑配套系具有体型小、耗料少、产蛋率高、蛋品质好适合加工、品种性能遗传稳定、群体均匀度好等特点,其商品代鹌鹑育雏成活率 95%,开产日龄 43～47 天,35周龄入舍鹌鹑产蛋数 155～165 枚,蛋重 10～11 克,日耗料 21～24 克,料蛋比 2.5～2.7∶1。35 周末体重 150～170 克。相对于市场上同类鹌鹑,可大大降低生产成本,提高生产效益,具有广阔的推广前景。

（8）蛋用黑羽鹌鹑品系　系朝鲜鹌鹑的黑羽突变系,由河南科技大学和河南省即可达食品有限公司培育而成。黑羽属于常染色体不完全显性突变（hh）,隐性纯合时为完全黑羽,杂合时为不完全黑羽。该基因座与性染色体上的 2 个羽色基因座 B/b 和 Y/y存在有互作关系。完全黑羽出生雏全身布满黑羽绒毛,背部看不到羽线,喙、胫、爪为黑色,成年后羽色比朝鲜鹌鹑黑。由于基因互作关系,以黑羽为母本,以中国黄羽或北京白羽为父本,可组成自别雌雄配套系。目前黑羽鹌鹑及其配套系均处于中试推广阶段,其品系及其配套系名称均有待审定。据测定,黑羽鹌鹑开产日龄最早为 42 天,最晚为 66 天,平均开产日龄为 52.6 天,平均开产蛋重为 8.7 克。黑羽鹌鹑产蛋第 10 周龄平均蛋重为 11.2 克,最低为 9.5 克,最高为 14.6 克。开产至开产 15 周龄的平均产蛋率为 81%,开产 1～15 周龄的平均料蛋比为 3∶1。

2. 肉用鹌鹑品种

(1)法国迪法克(FM 系)肉鹑　又称法国巨型肉用鹌鹑,是由法国迪法克公司育种中心育成,我国于 1986 年北京市种鹌鹑场首次引进。江苏省江阴市、无锡市也有引进饲养。初生雏鹌鹑胎毛颜色明显,富光泽,头部金黄色胎毛直至 30 日龄后才逐步褪去。14 日龄后公鹑胸部长出红棕色羽毛,母鹑则长出灰白色并带有黑色斑点的羽毛,30 日龄羽毛更换为成年羽色。

在我国引进饲养发现,法国迪法克肉鹑生活力与适应性强,性情温驯,种蛋利用期 5～6 个月,4 月龄种鹌鹑平均活重 350 克。开产日龄 38～43 天,年产蛋率 70%～75%,蛋重 13.0～14.5 克,平均孵化率 80% 以上。肉用仔鹑 42 日龄平均活重 240 克,平均耗料量 800 克,料肉比 3.3∶1。

(2)法国莎维麦脱肉鹑　由法国莎维麦脱公司育成,体态与羽色基本同迪法克 FM 系肉鹑,但在生长发育与生产性能某些方面已超过迪法克肉鹑。据无锡市郊区畜禽良种场鹌鹑分场引种实践,该品种母鹌鹑 35～45 日龄开产,年产蛋 260 枚以上,蛋重 13.5～14.5 克,产蛋期母鹑平均日采食量 33 克。在公母配比为 1∶2.5 时,种蛋受精率可达 90% 以上,孵化率超过 85%。初生重 9.1 克,成年体重公鹑 250～300 克,母鹑 350～400 克。肉用仔鹑 5 周龄平均体重超过 220 克,料肉比为 2.8∶1,生产效率与效益可观。该品种适应性强,疾病少,在全国各地普遍受到欢迎。

(3)法国菲隆玛特肉鹑　为专门化肉用配套系,体形硕大,体羽栗褐色(属野生羽型)。父母代种鹑初生重 8.5 克,成年公鹑体重 260 克,母鹑 320 克。产蛋期母鹑平均日耗料 34 克,年产蛋率 76%,平均蛋重 13.9 克。种用期前 20 周,每只种鹑可以获得合格种蛋 105 枚,孵化雏鹑 78 只。商品肉用仔鹑初生重 9.8 克,28 日龄体重 190 克。

(4)中国白羽肉鹑　北京市种鹌鹑场、原长春兽医大学等单位,相继从迪法克肉鹑中选育出了纯白羽肉用鹌鹑群体,体型同迪法克鹌鹑,黑眼、喙、胫、趾肉色。经北京市种鹌鹑场测定,白羽肉鹑成年母鹑体重 200～250 克,40～50 日龄开产,产蛋率 70.5%～80%,蛋重 12.3～13.5 克,日耗料 28～30 克,90～250 日龄采种,受精率为 85%～90%。

(二)鹌鹑引种

1. 引种场要求　种用鹌鹑必须从持有《种畜禽生产经营许可证》的良种场引进,鹑群健康高产,无白痢,不得从疫区和无证场引种,以保证种苗的质量。要求种鹑场具有完整的鹌鹑育种系谱资料记录、日常生产记录(日报表、月报表、年报表)、免疫接种记录等档案资料,保证引进高产后代。

2. 种鹑运输　种鹑出场必须附有《种畜禽合格证》。种鹑出场调运前,按 GB 16567 规定进行检疫,异地引种需要办理《出境动物检疫合格证明》。运载工具装运前按 GB 16567 规定进行清洗消毒,办理《畜禽运载工具消毒证明》。随着养鹑业的发展,20～40 日龄的种鹌鹑便于饲养,受到引种者的欢迎。为了保证运输方便与安全,种鹑的包装非常重要。可采用钙塑瓦楞纸制成的运输箱,此种运输箱下底大,上面小,五面均有通气孔,上面四角和中间还有"十"字形支撑,所以重叠在一起运输也能保持通气良好。内分四格,每格内视气温的高低放 20～40 日龄鹑 10～15 只,一箱放 40～60 只。也可以使用可重复利用的周转笼,要求通风良好,防止闷死。寒冷季节防止鹌鹑冻死,炎热季节防止鹌鹑热死。周转笼装车放置要稳定,防止颠簸摇晃压死鹌鹑。运送鹌鹑时要带好检疫证、消毒证等必需证件,运送途中要适时检查鹌鹑的行为表现,要平稳、快速、安全地把鹌鹑送达目的地。

三、鹌鹑的繁殖方法

(一)鹌鹑的生殖系统

1. 母鹑的生殖器官 由卵巢和输卵管组成,成年母鹑的生殖器官约占体重的 10%。正常情况只有左侧卵巢和输卵管发育,右侧在孵化过程中退化。卵巢是产生成熟卵泡的场所,可见大小不一的颗粒状卵泡,成熟后的卵泡随着卵泡膜的破裂释放,然后进入到输卵管中逐步包裹蛋白、蛋壳膜、蛋壳,最后形成鹌蛋产出。母鹑的输卵管由漏斗部、蛋白分泌部(膨大部)、峡部、子宫部和阴道部组成。

2. 公鹑的生殖器 包括睾丸、输精管和交接器组成。睾丸为 1 对,左侧比右侧略大,成熟睾丸重量约占其体重的 3%(公鸡仅为 1%)。公鹑退化的交接器呈舌状。鹌鹑每次的排精量极少,约 0.01 毫升。

(二)配种年龄

鹌鹑在所有家禽中,是性成熟最早的一种,母鹑 40～45 日龄达到性成熟,开始产蛋。种鹑开产后 10～15 天就可以进行公母交配。刚开产的鹌鹑产的蛋个小、受精率低、蛋形不稳定,畸形蛋比率较高,不适合孵化,只能作为商品蛋销售。在 60～70 日龄时,产蛋率达到 80% 以上,达到合格种蛋的要求,才能孵化出健康的雏鹑。

(三)自然交配

鹌鹑个体小,目前生产中仍然以自然交配的方式进行繁殖,人工授精技术尚在研究阶段,在生产中没有利用。公鹌鹑在早晨和傍晚性欲最旺,交配后受精率最高,以早上第一次喂饲后让其交配最好。鹌鹑的交配方式如下。

1. 单配或轮配　按照 1 公 1 母或者 1 公 4 母配比,每天在人工控制下进行间隔交配。此种方式费工费时,只在育种中使用。

2. 小群配种　将 2 只公鹑、5～7 只母鹑放入小群配种笼中饲养。此种配种方法可以获得较高的受精率,但不适合大规模扩繁,在育种场采用。

3. 大群配种　将 15 只公鹑、45 只母鹑(公母配比为 1∶3)放入大的配种笼中饲养。在生产中常用此配种方法。这种配种方式能够保持较高的受精率,管理方便,饲养效率高。注意在配种前,应先将公鹑放入种鹑笼中,使其熟悉环境,处于优势地位,然后再放入母鹑,可以提高交配的成功率和种蛋的受精率。

苏州大学朱子玉等研究了法国肉鹌鹑种蛋受精率,结果表明,种鹑公母配比 1∶5.5 与 1∶4 相比,受精率没有明显变化。总结开产后受精率与蛋重的变化规律,表明开产 10 天后受精率即达高峰期,2 周后稳定在 90% 左右。建议可将肉种鹑配种时间定为 2.5 月龄,对已完全成熟的公、母鹑进行外貌和生产力鉴定,挑选外貌符合品种特征、个体大、性欲强、产蛋多、健康的鹌鹑留种。

4. 定期更换种公鹑　鹌鹑的择偶性不强,在配种期每隔 1～3 个月将原配种公鹑淘汰一部分,然后补充一部分有交配能力的新的年轻公鹑,能明显提高种蛋的受精率。为了减少打斗,更换公鹑工作必须在夜间进行。更换公鹑对于提高肉用鹌鹑的受精率更为有效。

(四)种　用　期

为了提高鹌鹑种蛋的孵化率和雏鹑的成活率,刚开产的种鹑所产的蛋不适合孵化,当作一般的商品蛋销售。当产蛋率上升到

80％以上时，开始收集种蛋，进行孵化。从产蛋率 80％以上计算，蛋用种鹑的利用期为 8～10 个月，肉用种鹑为 7～8 个月。过了适宜的种用期，鹌鹑的产蛋量下降较快，而且种蛋合格率下降。因此，种用鹌鹑最多饲养 1 年，第二年要重新培育新的种群进行繁殖。有些地方饲养的种鹑达到 2～3 年，会影响到种苗的质量。

海南师范学院张信文等研究了鹌鹑产蛋日龄对受精率、孵化率和健雏率的影响，实验对象为迪法克系肉鹌鹑，结果表明 3～6 月龄鹌鹑种蛋的受精率、孵化率和健雏率均高，因此，建议迪法克系肉鹌鹑种用年龄为 3～6 月龄，为了节省种禽，一般可延长至 10 月龄。11 月龄以上虽然种蛋较大，雏鹑出雏时体重也较大，但其受精率、受精蛋的孵化率和健雏率均低，这可能与 11 月龄以上鹌鹑的生殖功能已开始退化有关，不适合继续作种用。

四、鹌鹑的选种与选配

(一)鹌鹑繁育方法

鹌鹑育种方法主要分为纯种繁育和杂交育种。目前，一般应用比较多的是杂交育种。

1. 纯种繁育 同一品种内的繁殖选育，称为纯种繁育。其目的在于巩固和加强该品种原有的优良特性和生产性能，迅速增加该品种的数量，尤其是通过选优、提纯、同质选配等育种手段不断改进、提高该品种的优良特征，获得较快的遗传进展。但要严防近亲交配，避免出现近交衰退导致的生活力及生产性能降低等现象。

2. 杂交育种 为了有效利用不同品种间的优势性状，创造有利性状新组合，获得优质、高产的新品种或品系，利用不同品种或品系间的杂交来培育新的品种或品系。一般情况下，不同品种、品系间鹌鹑杂交所生的后代往往优于其父母纯繁群体，表现为成活率高,受精率高,孵化率高,生活力强,雏体强健,生长发育好,母鹑产蛋力强。

(1)品系间杂交　首先要培育近交品系,按照育种指标要求,建立几个性状各异的近交系,即不同的近交系担负着不同的选育任务,近交系建成后,根据生产需求开展品系配套即品系间杂交。近交系建立的方法是首先选择纯种的优良个体进行交配,鉴定后裔的品质和性能,与亲本性状一致的个体留用进行横交,严格淘汰不符合育种指标的个体,连续采用同胞、半同胞进行交配,经过大量的测算和严格的淘汰,就可以培育出高产优良的近交系。近交基本限于4代,第四代公鹑与其母交配,母鹑与其父交配,即进行回交。这样,即使不引进其他品系,也能保持优良的近交品系。

(2)导入杂交　如果饲养的鹌鹑品种基本性能不错,但在某方面有缺陷,而采用纯种繁育又不易见效,这时可针对性地选择该性状具有明显优势而其他性状也较优良的品种杂交,一般只杂交1次,目的是维持原有品种的基本品质,外血含量以1/8～1/4为宜,在第一代杂交群中挑选比较优良的子代和需要改良的鹌鹑交配,如所生后代在原缺陷性状上改良较理想,就可使杂种鹑群闭锁进行自群繁育。

(3)级进杂交　即低产品种母鹑与优良品种公鹑杂交,所得的杂种后代母鹑再与优良公鹑杂交。一般连续级进3～4代,后代的主要性状基本同优良父本无异,这样就迅速而有效地改进了低产品种。

(二)鹌鹑的选种

1. 表型选择　种鹌鹑应有明确的系谱或可靠来源,符合该品种(品系)的外貌特征和生长发育标准,羽毛丰满,体质健壮。种鹑的表型选择应根据品种、品系的外貌特征进行。通行的方法是采用肉眼观察、用手触摸鉴别。

(1)种公鹑 在后备种鹑群中选择头小,喙短,眼大有神,胸宽,胸前羽毛砖红色明显,尾羽短,羽毛紧凑的个体留种。50日龄时肛门有深红色隆起,用手指压迫时出现白色泡沫,常常挺胸扬脖,高声鸣叫,趾要伸开,无缺陷,以保证今后交配效果好、受精率高。对于那些体型小、发育慢、尾羽长、鹦鹉嘴的个体要及时淘汰。

(2)种母鹑 选择有明确系谱或来源清楚、生长发育良好的个体留种。要求种母鹑头小而圆,眼睛明亮有神,目光沉稳,喙短,颈细长,有动静时常常挺脖侧头细听,羽毛整齐美观,毛色光亮,胸中黑斑多而明显,无杂毛,尾羽短,腹部柔软而有弹性,泄殖腔大而湿润,嗉囊部宽大,采食量多,活泼,不胆怯,体态匀称,翅膀、腿和躯体无异常。

2. 生产力选择 种公鹑50日龄体重110~125克。种母鹑要求50日龄已经开产,体重130~150克,体重大于170克者,其产蛋性能低,不应作种用。要求母鹑腹部宽、耻骨间距宽,高产型初产母鹌鹑的耻骨间距离两指(3厘米),耻骨与胸骨末端的间距三指(4.5厘米)。这种检查方法仅对母鹑第一产蛋年可行,母鹑年龄越大,腹腔容积也越大,但其产蛋量却越低。

母鹑开产10枚蛋后,蛋重达到标准。从60日龄起计产蛋率,要求5个月内平均产蛋率达80%以上,月产蛋量24~27枚及以上者留种。年产蛋率要达到75%~80%,开产头3个月必须是高产个体,蛋重符合品种标准,受精率和孵化率较高。

选择产蛋性状时,一般不等到1年产蛋之后再行选择,只要统计开产后3个月的平均产蛋率和日产蛋量,符合上述要求即可入选,同时要求蛋壳颜色正常,蛋形、蛋品质好。经常脱肛的鹌鹑不宜留作种用。

3. 系谱鉴定 通过鹌鹑的系谱分析,可了解其祖代与亲代的体重及生产性能资料、遗传特性,因此,种鹑场应建立和保存种鹑的系谱档案,并按规格为种鹑、种雏鹑进行编号,配种以及按系谱孵化。鹌鹑引种时也需索要系谱,血统不清的鹌鹑不宜留作种用,以防近亲交配。在应用系谱选择时,对于遗传力高的性状可以运用个体选择法,对于遗传力较低的性状则需要进行家系选择和个体选择相结合的方法。

(1)个体系谱建立　必须对鹌鹑实行一公一母固定配对,单笼饲养,编号登记,每天记录个体产蛋量和蛋重,根据这些记录在全场鹌鹑群中选择出优秀的个体。

(2)群体系谱建立　把所有的鹌鹑分为若干小群,一般以 4 只公鹌鹑和 10 只母鹌鹑为一群,观察记录其产蛋、孵化和育雏等情况,并做详细记录,为群体记录法。根据群体系谱记录结果,以小群为选择对象,对繁殖性状优秀、育雏成绩好的小群后代尽量多留种,尤其是个体生长发育优良者优先留种。

编写系谱时通常采用竖式系谱,一般记载 3 代。如果系谱中主要经济性状一代比一代好,说明选种效果好。若结果相反,就应及时淘汰。

4. 后裔鉴定　通过个体鉴定和系谱鉴定,基本可以看出种鹌鹑的遗传稳定性,但最可靠的方法还是要对后裔的生产性能进行测定。如果后代优良,就可以说明种鹌鹑是优良的。后裔测定的方法采取后裔与父母比较、后裔与后裔比较、后裔与生产群比较 3 种方式。一般多采用后裔与父母比较,可鉴别出亲代的优劣与否。

(1)后裔与父母比较　鉴定蛋用种公鹑的产蛋潜力,就可以用该公鹑与配不同的母鹑,种母鹌鹑所产的子一代配对繁殖,其女儿们的产蛋量分别与其母亲比较,如果女儿们的产蛋量均高于各自的母亲,则说明该公鹑为改良者;如果女儿们的产蛋量与各自母亲的产蛋量相差无几,则说明该公鹑为中庸者;如果女儿们的产蛋量均低于各自母亲的产蛋量,则说明该公鹑为劣势者。

(2)后裔与后裔比较　在鉴定母鹑繁殖性能优劣时,可以用同一优秀公鹑与配不同母鹑,半同胞女儿们的平均产蛋量最高者其母亲最优秀。

(3)后裔与生产群比较　以选出的种鹌鹑所产的后代的生产性能与场内生产群的平均水平相比,如种鹌鹑后代的生产性能比生产群平均的生产性能高,说明种鹌鹑优良;相反则低劣。

(三)鹌鹑的选配

选配是继选种后又一项重要的工作,目的是将选出的优良公、母鹌鹑科学配对以便产生更好的后代。

1. 选配方法

(1)品质选配　主要是考虑公、母种鹑的品质,分为同质选配和异质选配。同质选配就是选择有相似优秀性状的种公鹑和种母鹑交配,以期加强和提高双亲原有的优良品质,即好的配好的获得更好的,高产的配高产的获得更高产的,在生产中要注意避免近交衰退。异质选配,就是选择有不同优点的种公鹑和种母鹑交配,使双亲的优良品质结合起来遗传给后代,如繁殖潜力高的公鹑与适应性强的母鹑配对,期望后代繁殖力高、适应性强;异质选配也可以是以优改劣,如某种鹑有点小缺陷,则选择在该方面表现优秀并在其他方面没有明显缺陷的个体与之交配,这样就克服了该亲本的缺点,提高了生产性能。

(2)亲缘选配　有近亲、非近亲及杂交。近亲选配是指血缘关系极近的兄妹、父女、母子或表兄妹之间的交配。这种选配方法,只能在培育纯系时使用,一般生产场不宜使用,因为近交所产生的后代,其生活力、体重以及繁殖能力往往会降低。非近亲选配,即不是同一个父代的后代之间的交配。杂交,就是不同品种(品系)的公、母鹌鹑的交配,这种方法可在生产场应用。

2. 选配技术　生产中鹌鹑的选配技术应用对生产性能的影响很明显,尤其是配种方式的组织应引起足够的重视。

(1)尽量开展杂交　鹌鹑生产中比较常见的交配方式是混合

自然交配,即在种蛋来源未做严格系谱记载的情况下,集中进行孵化、育雏,然后按照 3∶1 或者 30∶11 的性别比例进行大群交配,往往会形成强迫近交,引起衰退,这种衰退虽然在一代中表现不很明显,但连续多代会严重影响种蛋的孵化和雏鹌鹑的质量。西南大学向钊等研究发现:鹌鹑全同胞近交会降低孵化率与成活率,并使劈叉现象趋于严重,延迟 50% 产蛋率日龄,降低产蛋率和蛋重,提高 120 天未开产率。杂交则能够提高产蛋量、孵化率和雏鹌鹑质量,因此在生产中即使不开展品种、品系间杂交,也一定要细致做好选配工作的落实,尽量使用各种形式的家系间杂交,以提高蛋鹌鹑的生产性能。

(2)注意群体中公、母鹑年龄结构 不同年龄的公、母鹌鹑交配,产生的后代特点不同。老公鹌鹑与青年母鹌鹑交配,其后代多呈母鹑的特点;老母鹌鹑与青年公鹌鹑交配,后代多呈公鹌鹑的特点,这是由于年轻鹌鹑活力旺盛,遗传性强之故。因此生产中种用公鹑的年龄结构要合理,让 4～6 月龄的种公鹑占较高比例,及时淘汰老龄化公鹑。

五、鹌鹑人工孵化技术

(一)鹌鹑的孵化方式

家养鹌鹑是一种高产的禽类,经过长期的驯化与选育已经失去了抱性,需人工孵化进行繁殖。鹌鹑的传统孵化工艺与方法很多,但自动化程度低,劳动强度大,不适合大批量生产。现代规模化鹌鹑孵化普遍采用机器孵化法(专用孵化器),孵化量大,便于操作,易于管理,大大提高了工作效率,而且孵化率也高。鹌鹑孵化设备与其他家禽基本相同,只是孵化器的容量、蛋盘的规格有所差异。鹌鹑孵化蛋盘栅条间距只有 2.5 厘米,比鹌鹑蛋的横径略小。

孵化器蛋架车蛋盘间距也小,因此同样大小的孵化器,孵鹌鹑种蛋的数量是孵鸡种蛋数量的 2.3～2.5 倍。

(二)鹌鹑孵化场的要求

1. 合理设计 孵化场的设计应考虑方便生产,有利于隔离消毒,避免交叉污染。鹌鹑孵化车间设计要有足够的空间,方便蛋车进出与人员操作。孵化车间要有良好的通风系统,避免空气交叉污染,光照要充足,方便生产管理。配备发电机房,发电设备运行良好,以备停电时启用。

2. 合理布局 孵化场清洁区与污染区应严格分开,从种蛋到鹑苗流程只能朝一个方向走,不能逆向流动。孵化厅所有通向外界的门要防止无关人员进入。所有工作人员进入孵化厅之前,必须经过消毒间,并更换干净的靴帽和工作服。孵化场用水量大,排水系统很重要,孵化盘冲洗间的布局要合理,下水管道要方便废水的排放。

3. 通风良好 氧气不足、二氧化碳水平增高会导致孵化率和健雏率下降。进入孵化间的空气应干净,最好经过过滤,排气口应远离进气口,以免污浊的空气污染进气口,相距要求在 20 米以上。为了保证空气质量,孵化车间要制定并严格遵守卫生消毒程序,减少孵化厅内病原微生物的含量。

4. 水质优良 孵化用水要确保获得良好的水质,应达到以下条件:无杂质(使用 10 微米的过滤器)和细菌;不含铁、锰、氧硫化物;可溶解的总固化物应低于 10 毫克/升;pH 值为 6～8;水质硬度低于 2 毫克/升;可溶解的有机物低于 2 毫克/升。

(三)孵化用房准备

鹌鹑孵化需要专用孵化室,创造稳定的孵化环境。

1. 孵化车间容量要求 首先,应根据孵化量、供苗量大小,来确定购置孵化设备的类型和数量。如果规模大,蛋源稳定充足,采用大型孵化设备是最佳之选。反之,采用中、小型孵化器。孵化机型与数量的确定,决定了孵化室各功能间的结构形式、面积大小(应考虑到生产规模的扩大,留有一定的扩展空间)。空间狭窄会给以后生产流程带来不便,影响生产效率;空间过大,则造成前期投资不必要的浪费及日后运行费用过高。

2. 孵化用房功能分配 孵化用房包括更衣室、淋浴间、种蛋库、熏蒸间、孵化间、出雏间、冲洗间、存发雏间等。各功能间应以种蛋的入库、消毒、存放、入孵、出雏、冲洗、发雏的顺序排列,以利于工作流程的顺畅和卫生防疫工作的进行。各通道之间应设置地面消毒池。蛋库的面积与种蛋数量应成一定的比例。消毒间应加装一定风量的排气扇,确保消毒后的余气迅速排出。

3. 建造要求 屋顶要铺防水材料以防漏雨,下面再铺一层隔热保温材料,夏季能有效防止室内高热,冬季便于保温,天花板不产生冷凝水滴。孵化场的天花板、墙壁、地面最好用防火、防潮、便于冲洗及消毒的材料来建造。地面和天花板的距离以 3.4～3.8 米为宜。地面要平整光洁,便于清洁卫生和消毒管理。在适当的地方设下水道,以便冲洗室内。

孵化器离墙壁的最小距离为 0.5 米,孵化器前面应留有 3 米宽度的走道,以便于蛋车进出孵化器操作。地面设排水沟,盖上铁栅栏,栅孔宽度不大于 15 毫米。孵化室应安装空调设备,室内温度应保持在 20～27℃,空气相对湿度保持在 55%～65%。孵化室还应有良好的通风和排气设施,其目的是将孵化器中排出的高温废气最大限度地排出室外,将新鲜空气吸入室内。

4. 孵化室通风设计 通风换气系统的设计和安装不仅要考虑为室内提供新鲜空气和排出二氧化碳等有害气体,同时还要把温度和湿度协调好,不能顾此失彼。因各室的情况不同,最好各室单独通风,将废气排出室外,至少孵化室与出雏室应各设一套单独通风系统。

(四)孵化器的调试

在入孵前一天要对孵化器进行全面检查,试机前一定要检查火线和地线是否连接可靠。

1. 检查温度、湿度系统 孵化器水银导电表是作为第二套备用控温系统用的,应将水银导电表调到39.5℃。仔细观察水银柱有无断裂,手握水银探头看水银柱是否上升。门表使用前进行校正,可将几支门表和标准温度计同时置于温水(37.5℃左右)中,看所有的表显示的温度是否一致。打开孵化器控制柜,检查各种接线是否牢固,清除箱内灰尘,然后开机半小时,检查各种功能键是否正常;在刚开机时由于湿度探头上沾有水珠,可能湿度显示"00",因此不要误认为是控湿显示有故障,待开机半小时、探头上的水珠消失后,即可恢复正常。所有功能检查完之后,将温度设定调到38.8℃,湿度设定调到65%,风门调到"关"档,让其升温,一般4~6小时内应升到所需的温度。

2. 检查大风扇的转速和方向 这是一个极易被孵化场所忽视的问题。很多人以为只要风扇转了就行,然而在改接电源线路或更换大风扇电机后,极易发生大风扇反转,造成不良孵化效果(注意:大风扇一定要向机门前转,如果向后转,应将电机进行的三相电调换一根线,即向前转了)。如果大风扇皮带被拉长变松,造成皮带滑动,转速慢,风力不够,影响温度均匀性,这时应当移动大风扇底座位置,让皮带拉紧,保证转速正常。

3. 检查翻蛋系统 按手动翻蛋键,看翻蛋系统是否正常运转,然后将"翻蛋键"置于自动位置。检查翻蛋减速器的油面高度,如果低于油尺应及时补油,检查翻蛋的蜗杆轮咬合是否合适。

4. 检查蛋车 孵化过程中,种蛋在蛋架车上的时间是15天。蛋架车的性能情况直接影响孵化率。检查维修必须制度化。①冲洗干净后的蛋架车,由维修人员检查各个部位是否正常,转动部位加润滑油,每个螺钉都要检查到。②上蛋后,要进行负载检查,检查蛋车有无销钉断裂,蛋车的插杆是否弯曲变形。

(五)鹌鹑种蛋的选择

1. 种蛋来源　选择产出 1 周内,蛋壳清洁、花斑明显、大小适中、蛋形正常的种蛋。种蛋都应来自产蛋多、蛋质好、没有任何疾病的种鹑群,因为有一些传染病会通过种蛋垂直传播给雏鹑,造成出壳率下降,雏鹑的成活率降低,其中白痢对孵化的影响最大。种鹑一定要进行白痢的净化。

2. 蛋重要求　蛋重对鹌鹑的孵化率影响较大,了解鹌鹑蛋增重规律,对种蛋的选择具有指导意义。研究认为,禽类蛋重与初雏重之间呈正相关,蛋重越大,初生雏体重越大。但太大的蛋受精率、孵化率均低于正常水平。鹌鹑种蛋要求大小适中,过大的种蛋孵化率较低,过小的蛋孵出的雏鹑个体弱小,成活率低。一般要求蛋用品种 10.5～12.5 克,肉用品种 14～16 克。

3. 蛋形要求　蛋形指数是种蛋选择时需要考虑的一个重要指标,但实际挑选种蛋时并不进行蛋形指数的测定,主要靠经验来判断,过长、过圆、过大和过小的蛋一般作为畸形蛋淘汰。蛋形指数的计算方法有两种,一是横径与纵径之比,二是纵径与横径之比,在家禽生产和研究中都有使用。选择种蛋时蛋形指数多大为好,不同报道差别很大。林其騄、何京认为,选择鹌鹑种蛋蛋形指数(纵径比横径)应平均在 1.4 左右(横径比纵径则为 0.714),大头小头要分明。

4. 蛋壳颜色与质量　不同品种、品系的鹌鹑种蛋颜色大小略有区别,颜色斑点应符合品种、品系要求。蓝色、青色、白色或茶褐色的种蛋不能孵化,是老鹑、病鹑所产。蛋壳破损,严重污染粪便的种蛋应淘汰。沙皮蛋结构特别粗糙,蛋壳较薄,孵化过程中水分蒸发过快,胚胎容易脱水死亡。

(六)鹌鹑种蛋的收集与保存

1. 种蛋收集

(1)增加种蛋收集次数　每日至少拣种蛋 4 次。收集种蛋的准确时间取决于开灯和喂料时间,一次收蛋超过日产蛋总数 30%时应增加集蛋次数;天气过冷或过热时增加集蛋次数,达到 6 次。

(2)净蛋与脏蛋不能混装　收集种蛋应使用消毒后的蛋筐,发现粪便污染的脏蛋要单独分开放置,脏蛋是不能当种蛋销售或孵化的。每次拣蛋的同时不要检死鹌鹑,以免造成交叉污染;如舍内粉尘太大,种蛋上应有遮盖。

(3)拣蛋前手的消毒　收集种蛋的工作人员每次拣蛋前需洗手并消毒。

2. 种蛋保存期　种蛋的贮存时间愈长,所需的孵化时间愈长,而且孵化率愈低。一般情况下,种蛋贮存 3～5 天最好,夏季不超过 7 天,冬季不超过 10 天。在夏天要有专用蛋库,并及时入孵。

3. 种蛋保存条件　正常情况下,蛋库应保持在 18℃,空气相对湿度 75%～80%,如要延长种蛋贮存时间,温度应略低一些。种蛋入库前应让其自然冷却 1～2 小时,种蛋的贮存温度一般保持在 17～20℃范围,空气相对湿度一定要达到 70%以上;贮存时间超过 7 天,一般存贮温度在 13～15℃为宜。

4. 保持种蛋库清洁　每周用消毒剂擦洗蛋库顶棚、墙壁和地面。蛋库天花板应距种蛋 1.5 米以上,应为蛋库连续不断地提供流动空气,但应避免气流直接吹向种蛋。储蛋间应配加湿器,并每周用消毒剂擦洗消毒。防止种蛋暴露在阳光下或受蚊子、苍蝇污染的地方。

5. 蛋库管理要求

(1)蛋库条件　蛋库保温应良好,湿度适宜,并保持合理的通风。窗户要小，设在靠上部位，防止阳光直射到种蛋。

(2)种蛋及时入库　发育中的胚胎在温度低于26℃时，细胞分裂速度明显减慢，21℃时细胞分裂完全停止(胚胎细胞开始停止分裂的温度为生理零度)。如产蛋后细胞分裂持续时间超过5小时，种蛋的孵化率就会由于早期胚胎死亡率的增加而降低。

(3)做好详细记录　种蛋应标明群次和产蛋日期并记录入孵时的蛋龄；不同蛋龄分开存放，存放时间不应超过7天。事实证明，种蛋贮存期超过7天后，每增加1天的存放，孵化时间相应增加20分钟，孵化率降低0.5%～1%，同时会增加雏鹑淘汰的数量。

(七)孵化条件

1. 温度　是鹌鹑孵化最重要的外部条件，决定着胚胎的生长发育与生活力，并与孵化率与健雏率密切相关。目前鹌鹑孵化普遍采用整批入孵、变温孵化制度，孵化温度逐渐降低，应掌握"前高、中平、后低"的原则。孵化1～6天为39.0℃，7～10天为38.4℃，11～14天为38.0℃，15～17天为37.5～37.2℃。

如果种蛋数量有限，可以采用一个孵化器分批入孵的方法，则必须采用恒温孵化制。每隔5天入孵一批，空箱入孵第一批鹑蛋时，孵化温度为38.3～38.6℃；第二批入孵后，则采用37.8℃恒温孵化(以后加入各批鹑蛋均以此温孵化)；15天时第一批落盘，将孵蛋由孵化盘转入出雏盘继续孵化出雏，出雏阶段孵化温度为37.5℃。

2. 湿度　也是孵化必须满足的重要条件之一，影响鹑蛋内水分的蒸发与物质代谢。鹑蛋蛋壳较薄，水分容易蒸发散失，一定要掌握合理的湿度。一般空气相对湿度要求，孵化阶段为60%，出雏阶段为70%。出雏阶段提高湿度有利于啄壳和散热，保证良好的出雏效果。实践证明，15天落盘后，每天用喷雾器喷洒温水雾于鹑蛋表面 1 次,可以提高出雏率。

3. 翻蛋 是重要的孵化技术措施。通过翻蛋,可以保证胚蛋各部位受热均匀,有利于胚胎的发育,防止胚胎与蛋壳粘连,还可以促进胚胎运动,提高活力,保证正常的胎位。一般要求孵化阶段每天翻蛋 12 次,机器孵化自动翻蛋,翻蛋角度 90°。落盘后停止翻蛋。

4. 通风 随着胚胎日龄的增加,需要的氧气量及排出的二氧化碳量逐渐增多,应做好孵化器内的通风,以补足氧气,排出二氧化碳,特别是孵化的中、后期尤应注意,否则会发生死胚多、畸形雏多的现象。孵化初期可关闭进、出气孔,中、后期要逐渐打开风门挡板,加大通风量,尤其是孵化第十三天以后,更要注意换气、散热。通风不良会造成胚胎发育停滞,或胎位不正,或导致畸形,甚至胚胎死亡。

5. 凉蛋 在孵化过程中,胚胎发育到中、后期会产生大量的热,当孵化温度偏高时,应先行凉蛋,不能立即翻蛋,使温度趋于正常后方可翻蛋,以减少死胚率。凉蛋可以更换孵化器内的空气,降低机温,排除机内污浊气体。较低的气温还可以刺激胚胎发育,并增强雏鹑将来对外界气温的适应能力。一般每天需要凉蛋 1~2次。凉蛋的时间因不同的孵化时期、不同的季节而异。孵化中期及冬天,凉蛋时间不宜长;孵化后期及夏天,凉蛋时间稍长。一般凉蛋时间为 10~20 分钟,至蛋温下降到 32℃ 即应停止凉蛋。

(八)鹌鹑种蛋的消毒

种蛋的消毒工作非常重要,每次收蛋挑选后要进行第一次消毒,然后放入蛋库进行存放。第二次消毒在入孵时进行,以确保孵化过程中种蛋不被病原微生物污染。

1. 甲醛熏蒸消毒 为目前常用的消毒方法,第一次在熏蒸间(柜)中,第二次在孵化器中进行。每立方米空间用 28 毫升福尔马林(40％甲醛)加 14 克高锰酸钾,熏蒸时间 20 分钟,温度在 20℃以上,空气相对湿度为 60％～80％,熏蒸完成后立即将熏蒸容器撤除,打开排风机排尽消毒气体。消毒间一定要设置排气扇,每立方米空间每分钟气体流量大于 20 米³,以快速抽净熏蒸气体。

2. 喷洒法　用 0.1％新洁尔灭或 0.5％过氧乙酸进行喷洒;喷洒时消毒药应覆盖种蛋表面。此法在规模化生产中不适用,只适合小批量生产。

3. 浸泡法　种蛋消毒可用 0.1％新洁尔灭溶液或 0.01％高锰酸钾清洗消毒,水温 38～40℃,时间 3～5 分钟。

(九)孵化的日常管理

1. 孵化期　鹌鹑的孵化期为 17 天,其中,1～15 天为孵化阶段,16～17 天为出雏阶段。孵化阶段需要放置在孵化蛋盘中,大头向上码放,通过改变蛋盘在孵化器中的角度来完成翻蛋任务。出雏阶段将种蛋转到出雏盘中,停止翻蛋。

2. 码盘　将鹌鹑种蛋放到孵化盘上的过程称为码盘(图 3-3)。结合码盘要剔除破壳蛋、裂纹蛋等不合格种蛋。将合格种蛋大头向上放置在孵化盘上,也可以 45°斜放或横放,但切忌小头向上码盘,因为容易造成胎位不正,出雏困难,死胚增加。

3. 种蛋预热　入孵前要对鹌鹑种蛋进行预热处理,因为种蛋库的温度只有 18℃,如果凉蛋直接放入孵化器内,由于温差悬殊对胚胎发育不利。预热还可以防

图 3-3　鹌鹑种蛋码盘

止种蛋表面凝结水汽而影响入孵后的熏蒸消毒效果。实践证明，预热对存放时间长的种蛋更为有利，可以提高孵化率。预热的方法是：将码放好的蛋架车推入孵化室中，在 25℃ 的孵化室内预热6～8 小时。孵化室温度越高，预热时间越短，冬季预热时间长，夏季预热时间短。

4. 种蛋入孵　入孵操作，推蛋架车要轻、稳、平。卫生清扫由专人负责，连接部位要连接好，翻蛋连接头要插好。

入孵操作：①使翻蛋架的固定杆上的孔和滑杆上的插孔处在同一条垂直线上。②推入孵化车，使上下两根杆都能插入上、下插孔中，先用力推到底。③将挡车销放入导轨槽中，在导轨槽中已有放挡车销的横向孔，正好在蛋车后轮的底部位置。④放好挡车销后一定要将蛋车后拉一拉，让蛋车后轮压住挡车销。

然后打开电源，开动风扇开关，设定孵化的各设定值，测试孵化器的温度与湿度，门表温度要与显示温度相符。开机升温后每隔 30 分钟后记录 1 次温度、湿度、翻蛋、风门等数据，温度正常后每 2 小时观察记录 1 次，直到 17 天出雏完毕。

5. 入孵消毒　将码好蛋的蛋架车推入孵化器中，关好门，开机升温。当机内温度升高到 27℃，空气相对湿度达到 65% 时，进行入孵消毒。方法为甲醛熏蒸法（操作方法见前文）。也可以采用浸泡消毒法，将码好蛋的孵化盘浸入消毒溶液中 3 分钟，然后取出孵化盘晾干水分后入孵。浸泡消毒法操作简单，特别适合小规模鹌鹑孵化和分批入孵。消毒溶液一般有 0.01% 高锰酸钾、0.1% 新洁尔灭。其他如季铵盐化合物、次氯酸盐也可以。

6. 温度、湿度调节　入孵前要根据不同的季节和前几次的孵化经验设定合理的孵化温度、湿度，设定好以后，旋钮不能随意扭动。孵化开始后，要对孵化室温度和湿度、机器显示温度和湿度、门表温度和湿度、翻蛋情况进行观察记录（表3-4）。一般要求每隔 1 小时观察 1 次，每隔 2 小时记录 1 次，以便及时发现问题，得到尽快处理。孵化器要求 24 小时值班,孵化人员要尽心尽责。

表 3-4 鹌鹑孵化条件记录

孵化器 _____ 号　　　　胚龄 _____ 天　　　　_____ 年 __ 月 __ 日

时　间	温　　度			空气相对湿度			翻蛋	备注	值班人员签名
	机　显	门表	孵化室	机　显	门表	孵化室			
0：00									
2：00									
4：00									
6：00									
8：00									
10：00									
12：00									
14：00									
16：00									
18：00									
20：00									
22：00									

7. 孵化器风门调节　孵化器顶部有 3 个通风孔,通称为风门。最中间一个为排气口,两侧为进气口。孵化前 3 天,关闭所有风门。从第四天起逐渐打开风门,4～7 天打开 1/4,8～11 天打开 1/2,12～15 天打开 3/4,16～17 天全部打开。

8. 落盘　孵化到第十五天结束,将胚蛋从孵化盘移至出雏盘中,然后将出雏盘放入消毒好的出雏器中,停止翻蛋,降低温度,提高湿度,等候出雏,这个过程称落盘。落盘应及时,当有 10% 的胚蛋已啄壳,去除无精蛋、臭蛋、破蛋及裂蛋,尽快将种蛋从孵化器转到出雏器,以避免受凉而造成胚胎发育中止。落盘时,鹌鹑胚胎由尿囊膜呼吸转为肺呼吸的时期,是鹑胚发育的第二个死亡高峰期。

落盘时应倍加小心,持稳蛋盘,以免造成蛋壳破裂。落盘的蛋要平放在出雏盘上,蛋数不可太少,太少温度不够;但也不能过多,否则容易造成热量难以散发及新鲜空气供应不足,导致胚胎热死或闷死。出雏盘应铺垫尼龙窗纱,以减少蛋破损及初生雏鹑腿部劈叉。检查出雏筐是否扣合吻合,将落好盘的出雏车推入出雏器,推入前关闭机器电源,推入后开动机器,检查运转有无异常,关闭机器门。每落完一箱,清洗消毒双手。

9. 出雏 如果孵化条件恰当,种蛋孵至第十六天开始出雏,第十七天全部结束。鹌鹑出雏时要保持机内温湿度的相对稳定,并按一定时间拣雏。等到雏鹑出壳80%以上时打开机门拣雏1次,最后再拣雏1次,彻底清理干净,清扫消毒孵化器。从雏鹑啄开蛋壳到蛋壳完全破裂出来,需要12小时左右,超过时间出不了的就应淘汰。出雏期应该注意:①稳定温度,不能降温,保证空气相对湿度在70%以上。②杜绝出雏期间打开机门观察出雏情况,可通过观察窗进行。③出雏室内的温度提高到25~28℃,以免拣雏后雏鹑受寒死亡。

10. 雏鹑挑选 自别雌雄配套系鹌鹑,出壳后应根据羽毛颜色公母分开销售。并且严格按照标准挑选健雏、弱雏和残雏,分类处理。挑选结束后,将雏鹑放在雏鹑存放间。出雏完毕后将经过第一次初选的健雏再细致挑选一遍,将不符合健雏标准的雏鹑挑选出来,将初选出的残弱雏再挑选一遍分级,挑选结束后,清点好雏鹑总数,报销售部门。

11. 雏鹑存放 出壳后的雏鹑不宜在出雏器内时间过长,不然会脱水死亡。应在最短的时间里将雏鹑运到育雏舍。孵化器内的温度为37.2~37.5℃,因此取出的雏鹑不能突然放于冷凉的地方,而应将其放在温暖的休息室(27~28℃)内,让其充分休息和恢复体力。如果鹑苗要外运,应装入运输专用箱内,及时运出。无论是育雏箱内还是运输专用箱内都不能铺垫光滑的纸类。因为雏鹑在光滑表面上难以站稳,两脚极易打滑叉开,日久鹌鹑的脚就会变成畸形。最好铺上粗棉布。

12. 孵化成绩评定 准确清查出雏数量,统计出雏成绩。出雏结束后,清理、清洗和消毒孵化设施,统计分析孵化成绩,总结经验教训,以利进一步提高孵化成绩(表3-5)。

表3-5 孵化成绩统计表

批次	种蛋来源	孵化日期	入孵蛋数	出雏数	健雏数	受精率	孵化率	健雏率

(十)选雏及分装

1. 健雏标准 同批体形大小均匀、整齐,绒毛丰满、柔软。绒毛洁净有光,腹部平坦。脐带愈合良好、干燥,而且被腹部绒毛覆盖,肛门处绒毛无污染,无疔脐。雏鹑站立稳健有力,叫声洪亮,对光、声音反应灵敏。初生重是蛋重的 60% 左右(蛋鹑平均重 6.3 克,肉鹑平均重 8.4 克),要剔除所有体重过轻的雏鹑。

2. 弱雏特点 凡精神不振、站立不稳、叉腿、弯趾、跛脚、有外伤、关节红肿者均视为弱雏。脐部裸露、红肿、结块、有血印、发青、变绿、有疔脐者均视为弱雏。

3. 选雏程序 选雏人员洗手消毒,按标准分装鹌鹑苗。每盒中雏鹑要分布均匀,多少不能超过 2 只。经过挑选后健雏中弱雏含量不超过 1%。苗盒上记录选雏人员的工号,种蛋来源场、鹑舍号、孵化器编号、出雏日期等项内容。质检人员对每箱雏鹑复查核实,检验后封盖、固定。苗鹑进雏鹑盒后放 4～6 小时后再发货。放置高度为 8 层以下并要有间隙,码放应合乎要求,冬季以保温为主,夏季以散热为主。

(十一)初生鹑的雌雄鉴别

初生鹑个体太小,很难用翻肛法进行鉴别。大多数品种初生时不进行鉴别。我国的科研工作者培育出羽色自别雌雄配套系,可以方便地进行鉴别。用中国隐性白羽鹌鹑公鹑或黄羽公鹑与有色羽母鹑交配,后代出壳可按羽色自别雌雄,有羽色(白羽配套系)或深色羽为公鹑(黄羽配套系)。

1. 中国白羽×朝鲜龙城 由原北京市种鹌鹑场培育的世界首创的鹌鹑自别雌雄配套系,即用白羽公鹑与朝鲜龙城母鹑交配,子一代即可根据羽色分别公母,即栗羽为公鹑,浅黄色为母鹑(后变为白色),准确率 98% 以上。该品种虽有着诸多的优点,但当时由于育雏期成活率太低,一直未能推广。北京市种鹌鹑场转产以后,河北中禽鹌鹑良种繁育有限公司在育雏期成活率上取得了重大突破,育雏期成活率达到了 95%～97%。

2. 中国黄羽×朝鲜龙城 由南京农业大学培育成功的自别雌雄配套新品种,用中国黄羽公鹑与朝鲜龙城母鹑交配,子一代黄羽为母,栗羽为公,生产性能与朝鲜龙城相近,育雏期 5 日龄成活率 98%。

3. 正反交都可自别雌雄的品种 该品种 1997 年由中禽鹌鹑良种繁育有限公司推向市场,用中禽白羽与中禽黄羽交配,无论是正交还是反交,子一代都可根据羽色自别雌雄,且准确率达 98% 以上,用白羽公鹑与黄羽母鹑交配,子一代栗羽为公,白羽为母;反交则栗羽为公,黄羽为母。

(十二)孵化过程中的应急处理

1. 控温失灵　每台孵化器应备有一套应急控温系统,就是在控制柜背后的那支水银导电温度计,该水银导电温度计平时用于超高温报警,调到 39～39.5℃。一旦听到报警,如果是机器控温失灵,应打开控制柜,将柜内的应急开关置于"应急"位置,将水银导电温度计调到需要设定的温度值,由水银导电温度计进行温度控制。处在应急状态下工作的机器,应观察门表的温度,因为控制柜上的数显温度已不起作用,不可作为控温依据,应立即通知修理人员。

2. 加湿不停　一旦出现加湿不停、严重超湿的情况,可将加湿机和加湿减速器之间连接皮带去掉,停止加湿(在机器的背后)。

3. 翻蛋失灵　自动翻蛋失灵,可用手动翻蛋,2 小时 1 次。如果手动也失灵,可把蛋车倒过来,采用人工开门拨动翻蛋装置,2 小时 1 次。同时通知孵化器生产厂家派人来处理。

4. 停电　孵化厂应备有发电机组,如无发电机组的孵化场,可采用如下应急措施:当停电时,应立即将机器的电源开关切断。如室温高,孵化前期的机器,以保温为主;先将机门开一条缝,5 分钟后关闭门;孵化中、后期的蛋以通风为主,防止顶层积热和缺氧,造成胚胎死亡,应立即将机门开一条缝或采取凉蛋措施。如室温低,应采取室内加温措施。

第四章　鹌鹑的营养需要与日粮配合

鹌鹑为高产禽类,早期生长发育快,母鹑产蛋率高,因此对饲料营养要求也高,要喂给全价高营养配合饲料才能发挥鹌鹑高产的优势。鹌鹑对饲料毒素、霉菌毒素较为敏感,因此对饲料原料的要求较高,一般以玉米、豆粕为主,还要加入一定量的鱼粉,鹌鹑对菜籽粕、棉籽粕中有毒物质较为敏感,尽量少用或不用,而脱毒棉籽蛋白可以加大用量。现在大型饲料加工企业也生产鹌鹑专用饲料,小型养殖户可以根据实际情况选择使用。大型鹌鹑养殖场则建议购买预混料,自配鹌鹑全价饲料,合理利用当地饲料原料资源,以降低饲养成本。本章介绍鹌鹑消化特点、营养需要、常用饲料原料选择、配方设计、饲料加工与储运要求,供大型鹌鹑养殖场生产参考。

一、鹌鹑消化生理特点

(一)鹌鹑消化系统

鹌鹑的消化系统由喙、口腔、咽、食管、嗉囊、腺胃、肌胃、十二指肠、小肠、盲肠、直肠、泄殖腔和肛门组成。

1. 口与咽　鹌鹑的口腔器官较简单,没有唇、齿和软腭,颊也明显退化,因此口腔与咽之间无明显界线,上、下颌形成锥体形的喙,外被坚硬的角质套。舌黏膜上缺乏味觉乳头,仅分布少量结构简单的味蕾,所以味觉较差。唾液腺在口咽部黏膜上皮深层连成一片,有许多导管开口于黏膜,唾液腺均为黏液性腺,分泌黏稠的唾液，以润滑口腔黏膜和食物，方便吞咽。饲养实践中发现，鹌鹑在采食时用喙刨食严重，会造成饲料撒落浪费，设计料槽时要注意，一般饲养场都要在料槽饲料上加铁丝网，避免饲料撒落。

2. 食管　为一薄壁而易于扩张的肌性管道，始于咽而止于腺胃，长约 9 厘米。其颈段较长，与气管一同偏于颈的右侧，在胸腔入口处的前方扩大形成嗉囊。胸段较短，经左右肺之间、气管和心脏基部的背侧，伸达肝左叶脏面与腺胃相接。食管壁由黏膜层、黏膜下层、肌肉层和浆膜层 4 层构成。嗉囊体积小，储存饲料的能力有限，每天应该勤喂少添，保证其采食足够的饲料。

3. 胃　由腺胃与肌胃组成。腺胃呈纺锤形，长约 1.5 厘米，位于腹前部的左侧，两肝叶之间的背侧，其后背侧与脾相邻。腺胃的容积小，其主要功能是分泌胃液。肌胃呈扁椭圆形，长径约 2 厘米，质地坚实，色暗红，位于肝后偏于腹腔左侧，与腺胃和十二指肠相通的两个口都在前缘，并相距甚近。肌胃的肌层是由一对强大的侧肌和两块较薄的中间肌构成。四块肌在肌胃的两侧以发达的腱组织相联结。肌胃的黏膜层较特殊，由角质膜、黏膜上皮、固有膜和黏膜肌层共同构成。肌胃发达的肌层、粗糙而坚韧的角质膜以及吞入的沙砾，构成了磨碎食物、进行机械性消化的有利场所。这种特殊的结构与其牙齿的丧失是相适应的。

4. 小肠　长约 50 厘米，分为十二指肠、空肠和回肠。十二指肠长约 8.5 厘米，直径约 0.65 厘米，自肌胃右前端起始，沿肌胃右侧和右侧腹壁形成一长的"U"形祥，与十二指肠起始部的相对处延续为空肠。空肠长约 34 厘米，直径约 0.4 厘米，形成许多半环状的肠祥，由肠系膜悬吊于腹腔右侧。空肠右侧紧贴右腹气囊，左侧与性腺、盲肠、十二指肠和胰相邻。空肠末端位于体中线上，在直肠和泄殖腔的腹侧与回肠相接。回肠短而较直，长约 7 厘米，直径 0.3 厘米，以系膜与两侧盲肠相连。

5. 大肠　包括盲肠和直肠。盲肠为一对长约 7 厘米的盲管，起自回盲接合部的两侧,首先沿回肠逆行向前,继而伴随空肠向后伸至泄殖腔的腹侧。鹌鹑盲肠不发达,对粗纤维的消化能力很差。直肠长约3.6厘米,起始于回盲接合部,向后逐渐变粗,而终止于泄殖腔。由于直肠较短,不能贮存多量的粪便,这是鹌鹑排便次数较多的原因,这与鸟类减轻体重,利于飞翔有关。

6. 泄殖腔 为消化、泌尿和生殖3系统后端的共同通道。其腔内被两个不完全的环行皱褶分为粪道、泄殖道和肛道3部分。粪道与直肠相接;泄殖道有输尿管、输精管或输卵管的开口;肛道背侧有法氏囊的开口,再向后以泄殖孔开口于外界。

7. 肝 鹌鹑的肝发达,重约4克,呈红褐色,质地脆软,位于腹前下部,胸骨背侧,前方与心脏相接触。分为左、右两叶,右叶脏面有胆囊。左叶的肝管直接开口于十二指肠末端,右叶的肝管先到胆囊,再由胆囊发出胆管至十二指肠。

8. 胰 呈长条分叶状,淡红黄色,位于十二指肠祥内,分为背叶、腹叶和一小的中间叶。有两条胰管与胆管共同开口于十二指肠末端。表面被以浆膜,浆膜中的结缔组织伸入腺体内构成支架。实质分为外分泌部和内分泌部。外分泌部占胰腺的绝大部分,属消化腺。内分泌部较小,它散在分布于外分泌腺之间,呈小岛状,故称胰岛,分泌胰岛素调节血糖。

(二)鹌鹑采食习性

1. 掘土采食习性 鹌鹑保留野外掘土觅食习惯,在采食前用双脚在笼底交替抓挠几下,然后再啄食。另外,鹌鹑喜欢用喙将饲料钩出料槽,或者头部左右摆动将饲料拨到地面。因此,鹌鹑料槽设计要注意要有足够的深度,减少饲料浪费。在料槽中放置铁丝网片或塑料网片(图4-1),可避免饲料浪费,效果很好。

2. 群饲 鹌鹑喜欢群饲,当喂饲时一有啄食声音就群起挤向食槽伸头啄食,有争有抢,养在单笼的个体鹌鹑采食表现不太积极。饲喂要定时定量，可以刺激食欲，减少饲料浪费。产蛋期鹌鹑每天喂料2次，早上天亮或开灯后喂第一次，下午5时产蛋后喂第二次。

3. 饲料形状与类型

鹌鹑喜食颗粒类料型，采食频率快，最喜食小米粒大小的颗粒，也

图 4-1　料槽中的防止撒料的铁丝网片

喜食潮湿的混合饲料，对发酵有酸味的饲料适口性较差，最不喜食干麸皮样粉料。对矿物质饲料（特别是向食槽撒喂沙粒或骨粉时，会提高啄食频率）具有很高的适口性，特别是产蛋鹌鹑。

4. 采食时间　鹌鹑全天各次采食量是不均匀的。统计日粮消耗量发现，上午比下午采食多，傍晚5～7时为全天的采食高峰，满足夜间形成鹑蛋需要。公鹑全体采食量比较均匀，高峰也在晚间。对于当天不产蛋的母鹑，上、下午采食量相差不多，晚间也最多；当日产蛋的母鹑上午吃料多，而下午特别在产蛋前2小时基本不吃或吃得很少，即使吃料也是漫不经心。屠宰统计发现，当天有蛋或将要产蛋的鹌鹑，80％嗉囊很少存有食物。

5. 采食频率　鹌鹑每次采食时总具有一种"新鲜感"，每次喂饲时总是抢吃新添加的饲料，对槽中的余料啄食频率低，不感兴趣。测定鹌鹑的采食频率，每分钟啄食94～99次，最低84次，最高为146次。公鹑比母鹑频率高、啄食快、食欲强。鹌鹑采食过程中有强欺弱现象，群序明显。

6. 采食环境　鹌鹑采食会受环境影响。在明亮条件下喜食，而光线较暗不喜食，在夜间关灯后停止采食。因此肉用鹌鹑应该

采用 23～24 小时光照,给予足够的采食时间,保证其生长发育。鹌鹑喜欢清洁白色的饲养环境,在洁净环境下,其反应敏感极为兴奋,采食积极。近年来发现,雾霾天鹌鹑的采食量明显下降,产蛋率也随之下降。

7. 采食时的条件反射 在每次喂饲,饲养人员向食槽添料时,鹌鹑都拥向槽前争先采食,特别是发出啄食的声音后,即使没撒料的笼层,鹌鹑也都挤向食槽盲目地啄食。可见视觉和听觉的刺激都能引起鹌鹑采食反射,而听觉反应又强于视觉反应。在一小群鹌鹑中,如果群中混有公鹑,有促进采食的作用,比无公鹑群采食快、频率高。若喂饲过程中出现某种特殊的声响(有时是人没察觉到),全群鹌鹑顿时都伸头,停止啄食,数秒钟后又照常采食。

(三)鹌鹑饮水

鹌鹑在各个饲养阶段都要保证清洁的饮水,绝不能断水,饲养人员要经常检查饮水器状态,定期清洗消毒饮水系统。鹌鹑每次饮水量不多而比较频繁,饮水时是连饮 3 次停一会儿,若再饮又连 3 次。鹌鹑喜欢饮清洁干净水,不爱饮粪便污染的水,对新换的饮水同样具有新鲜感,饮水时好甩头,气温高饮水量有增多趋势,一天内晚间饮水较多,上午饮水较少。

二、鹌鹑营养需要与饲养标准

(一)鹌鹑营养需要

鹌鹑的营养需要按照其机体用途不同分为维持需要、生长需要和繁殖需要(产蛋需要)。按照鹌鹑对饲料中营养成分需要的不同又分为能量需要、蛋白质需要、矿物质需要、维生素需要和水的需要。鹌鹑代谢旺盛,体温高,呼吸频率快,生长发育快、性早熟、产蛋多,但其消化道短,消化吸收能力较差。其营养需求特点如下。

1. 能量需要　能量是维持鹌鹑正常生理活动和生产活动的动力。鹌鹑的生长、繁殖、运动、呼吸、血液循环、消化、吸收、排泄、神经传导、体液分泌和体温调节都需要能量。饲料中碳水化合物和脂肪是鹌鹑获得能量的主要来源,饲料中添加脂肪可提高能量水平,同时可减少粉尘。鹌鹑的摄食量与能量有关,饲料中能量越高摄食量越少,因此饲料中能量与其他营养物质有一定的比例要求。鹌鹑每天从体表散发的热量为 63～67 千焦。据测定,雏鹌鹑从初生到 42 日龄,每天活动消耗能量约为 17.2 千焦,每增加 1 克体重,约需要能量 8.4 千焦。

甘肃农业大学都怡等研究不同能量水平饲粮对蛋鹌鹑产蛋前体重的影响,结果显示:育雏、育成期饲喂低浓度代谢能(育雏期 11.7 兆焦/千克、育成期 11.4 兆焦/千克)的饲粮,足以满足鹌鹑的生长发育,高浓度代谢能饲粮(育雏期 12.7 兆焦/千克、育成期 12.4 兆焦/千克)反而对于鹌鹑的生长发育不利。

2. 蛋白质需要　蛋白质是构成生物有机体的主要物质基础,鹌鹑的肌肉、血液、羽毛、皮肤、神经、内脏器官、激素、酶、抗体等主要由蛋白质构成。另外,鹌鹑蛋的形成也需要大量蛋白质。蛋白质的基本构成单位为氨基酸,有 20 种。以植物性饲料为主配合日粮时,鹌鹑最易缺乏蛋氨酸、赖氨酸和色氨酸,要注意合理搭配饲料原料,饲料多样化,使氨基酸互补。注意添加动物性蛋白质饲料(如鱼粉),还要添加氨基酸添加剂(蛋氨酸、赖氨酸添加剂),以提高饲料的利用率。氨基酸缺乏时鹌鹑表现体重小,生长缓慢,羽毛生长不良,成年鹌鹑性成熟推迟,产蛋小,无产蛋高峰以及易发生啄癖。

鹌鹑体小,每天的采食量有限(蛋鹑为 25～28 克),但其生长发育迅速,年产蛋量超过了鸡。因此,鹌鹑日粮中蛋白质的含量要远远高于鸡,用蛋鸡饲料饲喂鹌鹑不能满足蛋白质需要。12 日龄前雏鹑,饲粮中粗蛋白质含量应达到 24%;22 日龄后,粗蛋白质含量 22%。产蛋鹌鹑每天约需要粗蛋白质 5 克左右,或饲粮中含粗蛋白质 22% 左右,赖氨酸、蛋氨酸在饲粮中的含量应分别达到 1.1% 和 0.8%。肉用鹌鹑育雏期和育肥期饲粮中粗蛋白质应分别达到 29% 和 24%,赖氨酸和蛋氨酸应分别占饲粮的 1.4% 和 0.75%。

郦智佩等报道,不同粗蛋白质水平日粮对鹌鹑产蛋期生产性能有显著影响,产蛋率、总蛋重和平均蛋重都随着粗蛋白质水平的提高而提高,料蛋比随着粗蛋白质水平的提高而降低。无论在生产性能上,还是从经济效益方面讲,粗蛋白质水平 24% 为最佳,22% 次之,20% 最差。

甘肃农业大学王志鹏等研究了饲粮蛋白质水平对鹌鹑产蛋性能和蛋品质的影响。结果饲粮粗蛋白质为 18% 时,鹌鹑的产蛋性能和蛋料差价最佳;粗蛋白质为 16% 时,产蛋性能下降;粗蛋白质水平在 20%～26% 之间时,高粗蛋白质水平饲粮并没有促进产蛋性能的提高。饲粮粗蛋白质水平低于或等于 18% 时,蛋壳厚度增加,而强度反而下降;饲粮粗蛋白质水平高时,则呈相反变化趋势。

3. 矿物质需要 矿物质是鹌鹑不可缺少的一类营养物质,按需求量的大小又分为常量元素(钙、磷、钠、氯等)和微量元素(锰、锌、铁、铜、碘、硒、钴等)。

钙和磷是鹌鹑需求量最多的矿物质。钙是构成骨骼和蛋壳的主要成分。生长期鹌鹑缺钙会引起骨骼发育不良,表现佝偻症、骨质松软易折断。产蛋鹌鹑缺钙时出现软壳蛋和无壳蛋,蛋壳薄、易破碎。磷是骨骼的主要组成成分,同时还存在于血液和某些脏器中,参与机体的新陈代谢。鹌鹑缺磷时,表现食欲减退,生长变慢,骨质变脆,关节硬化,伏卧不起。植物性饲料中的磷大多以植酸磷的形式存在,不易被鹌鹑利用,特别是雏鹑。动物性饲料(鱼粉、骨粉等)和磷酸氢钙中的磷以无机磷形式存在,很容易被鹌鹑吸收利用。因此,在配合鹌鹑日粮时,一定要加入骨粉、磷酸氢钙等原料。鹌鹑饲料钙浓度低于鸡饲料,饲料中钙的含量雏鹑为 0.8％～1.05％,产蛋期鹌鹑为 2.5％左右。

钠和氯的主要功能为维持体内的渗透压和酸碱平衡。饲料中食盐不足常常导致消化不良,食欲下降,产蛋量下降和啄癖症的发生。一般植物性饲料中缺乏钠和氯,添加氯化钠(食盐)即可解决。鹌鹑饲粮中食盐的添加量为 0.2％～0.3％,长期使用高盐饲料(超过 1％)会引起中毒。但在饮水中加入 1％～2％食盐,连用1～2 天,可以防治鹌鹑的啄癖症。

鹌鹑对微量元素的需求量很少,但饲料中如缺乏微量元素会导致严重的后果。鹌鹑饲料中需要添加的微量元素有铁、铜、钴、硒、锰、锌、碘等。国内对鹌鹑微量元素需求量的研究甚少,主要参考其他家禽用量来配合饲料。市场上销售的禽用微量元素添加剂(常见的添加比例有 0.5％和 1％两种)可用于鹌鹑全价饲料配制。

4. 维生素需要 维生素是一类重要的有机化合物。鹌鹑对维生素的需要量很少,但却是保证其健康、正常生长、生产和繁殖所不可缺少的。维生素是体内多种酶的组成成分,主要功能为调节体内的代谢过程。维生素的种类很多,可以分为脂溶性维生素和水溶性维生素两大类。脂溶性维生素包括维生素 A、维生素 D、维生素 E 和维生素 K,饲料中添加量大于需要量时其可以在鹌鹑体内储存,而当饲料中短期内含量不足时又可释放出来供机体代谢;如果用量过大则会引起中毒。水溶性维生素主要有 B 族维生素和维生素 C,B 族维生素有硫胺素(维生素 B_1)、核黄素(维生素 B_2)、泛酸(维生素 B_3)、吡哆醇(维生素 B_6)、烟酸、生物素、胆碱、叶酸和维生素 B_{12} 等。其在体内存留时间短,体内的储存量很少,当饲料中含量不足时很容易出现缺乏症;饲料中含量过高则大量排泄,一般不易引起中毒。各种维生素的功能及缺乏症见表 4-1。

表 4-1　各种维生素的功能及缺乏症

维生素	功　能	缺乏症
维生素 A	维持正常的生长发育,保护上皮细胞的完整性,增进视力,提高抗传染病能力	抵抗力下降,生长停滞,干眼病,羽毛松乱,繁殖力降低
维生素 D	促进钙磷的吸收和代谢,维持骨骼的正常生长发育	佝偻病,骨骼畸形,伏地不起,软壳蛋和无壳蛋增多
维生素 E	抗氧化,维持正常生殖能力	雏鹑脑软化,种鹑繁殖力下降,种蛋孵化率降低
维生素 K	参与凝血	肌肉、黏膜出血
维生素 B_1	参与碳水化合物代谢和维护正常的消化功能	消化紊乱,神经系统失常,抽搐痉挛,头向后弯
维生素 B_2	参与蛋白质和碳水化合物的代谢	弯趾性瘫痪,腹泻,发育迟缓,视力障碍
泛　酸	参与蛋白质、碳水化合物和脂肪的代谢	羽毛生长不良,眼部、喙和脚趾周围发炎
烟　酸	参与蛋白质、碳水化合物和脂肪的代谢	生长迟缓,膝关节肿大,口腔和舌头发炎
维生素 B_6	参与氨基酸、脂肪和碳水化合物的代谢	抽搐痉挛,体重减轻
叶　酸	参与核酸和核蛋白的代谢	贫血,生长抑制,羽毛变淡
生物素	参与脂肪与蛋白质的代谢	羽毛生长障碍,生长迟缓,足部和头部皮肤损伤,关节炎
维生素 B_{12}	参与碳水化合物和脂肪的代谢,参与核酸合成	鹌鹑胚与雏鹑死亡率高,生长迟缓,羽毛生长缓慢
胆　碱	参与脂肪代谢	脂肪肝,肝脏出血

5. 水需要 水是生物体不可缺少的营养物质。水直接参与饲料养分的消化吸收、代谢产物的排泄、血液循环、体温调节等一系列的生理、生化过程。鹌鹑饮水不足,血液浓稠、体温平衡、生长和产蛋都受影响。

鹌鹑对水的需要量受着各种因素的影响,其中影响最大的因素是鹌鹑所处的环境温度。不同气温条件下,鹌鹑的饮水量不同。产蛋量高时饮水量大,笼养比平养多,限制饲养时饮水量也增加。一般而言成鹌鹑的饮水量约为采食量的 2 倍,雏鹑的饮水比例更大些。

水在一般情况下是不会缺乏的,往往不引起人们的注意,在现代化的养鹑业中,由于线路故障,停电引起供水不足时,则常会出现缺水,在炎热的夏天发生这样的意外,后果很严重的。注意断水后再给饮水,应逐渐恢复给水,限制饮水,防止暴饮而死亡,特别是雏鹑。水的供应一般均采用不断水、自由饮水的方式。只有在饮水免疫和投药时先暂停断水,可缩短饮水免疫与用药时间。

(二)鹌鹑饲养标准

对不同种类、性别、年龄、体重、生产目的与生产水平的鹌鹑,规定所应供给的能量和各种营养物质数量或浓度即为鹌鹑饲养标准,是鹌鹑日粮配合的依据。长期以来,我国对蛋鹌鹑的营养学研究滞后,迄今为止,还没有制定相应的蛋鹌鹑饲养标准。目前,我国生产蛋鹌鹑饲料的厂家多借鉴美国国家科学研究委员会(NRC)及法国、日本等国家的鹌鹑饲养标准(表 4-2 至表 4-8),但各国鹌鹑饲养标准差异很大,可以参考,但不宜盲目照搬,否则可能会引起鹌鹑某些营养素的不平衡,阻碍蛋鹌鹑生产潜力的发挥和生产成本的提高,甚至会引起代谢病的发生。

表 4-2 美国 NRC 标准（日本鹌鹑）

项　目	生长期 0～5 周龄	种鹌鹑
代谢能（兆焦/千克）	12.13	12.13
粗蛋白质（%）	24	20
蛋氨酸（%）	0.5	0.45
蛋氨酸＋胱氨酸（%）	0.75	0.7
赖氨酸（%）	1.3	1
色氨酸（%）	0.22	0.19
亮氨酸（%）	1.69	1.42
苯丙氨酸（%）	0.96	0.78
苏氨酸（%）	1.02	0.74
组氨酸（%）	0.36	0.42
维生素 A（国际单位/千克）	1650	3300
维生素 E（国际单位/千克）	12	25
维生素 D_3（国际单位/千克）	750	900
维生素 K_3（国际单位/千克）	1	1
硫胺素（毫克/千克）	2	2
核黄素（毫克/千克）	4	4
泛酸（毫克/千克）	10	15
烟酸（毫克/千克）	40	20
吡哆醇（毫克/千克）	3	3
胆碱（毫克/千克）	2000	1500
维生素 B_{12}（微克/千克）	3	3
叶酸（毫克/千克）	1	1
生物素（毫克/千克）	0.3	0.15
钾（%）	0.4	0.4
钠（%）	0.15	0.15

续表 4-2

项　　目	生长期 0~5 周龄	种鹌鹑
氯(%)	0.14	0.14
铜(毫克/千克)	5	5
铁(毫克/千克)	120	60
锰(毫克/千克)	60	60
锌(毫克/千克)	25	50
硒(毫克/千克)	0.2	0.2
碘(毫克/千克)	0.3	0.3
钙(%)	0.8	2.5
有效磷(%)	0.3	0.35

表 4-3　美国 NRC(1994)建议的鹌鹑营养需要

营养物质	0~6 周龄	大于 6 周龄	种鹌鹑
代谢能(兆焦/千克)	11.72	11.72	11.72
蛋白质(%)	.26	20	24
蛋氨酸＋胱氨酸(%)	1.0	0.75	0.9
亚油酸(%)	1.0	1.0	1.0
钙(%)	0.65	0.65	2.4
有效磷(%)	0.45	0.3	0.7
钠(%)	0.15	0.15	0.15
氯(%)	0.11	0.11	0.11
碘(毫克/千克)	0.3	0.3	0.3
胆碱(毫克/千克)	1500	1500	1000
烟酸(毫克/千克)	30	30	20
泛酸(毫克/千克)	12	9	15
核黄素(毫克/千克)	3.8	3.0	4.0

表 4-4　苏联畜牧科学研究所(1985)建议的鹌鹑营养需要

营养物质	7 周龄以上	1～4 周龄	5～6 周龄	肉用鹌鹑 (4～6 周龄)
代谢能(兆焦/千克)	12.2	12.6	11.5	12.9
粗蛋白质(%)	21	27.5	17	20.5
粗纤维(%)	5.0	3.0	5.0	5.0
钙(%)	2.8	2.7	2.5	1.0
磷(%)	0.7	0.8	0.8	0.8
钠(%)	0.3	0.3	0.3	0.3
赖氨酸(%)	1.05	1.39	0.86	1.0
蛋氨酸(%)	0.44	0.6	0.37	0.43
蛋氨酸＋胱氨酸(%)	0.74	1.0	0.62	0.72
色氨酸(%)	0.2	0.3	0.16	0.19
精氨酸(%)	1.2	1.54	0.95	1.17
组氨酸(%)	0.34	0.49	0.3	0.33
亮氨酸(%)	1.21	1.81	0.98	1.18
异亮氨酸(%)	0.73	0.97	0.60	0.72
苯丙氨酸(%)	0.66	0.89	0.55	0.63
苯丙氨酸＋酪氨酸(%)	1.28	1.68	1.04	1.18
苏氨酸(%)	0.66	0.97	0.6	0.64
颉氨酸(%)	0.8	1.13	0.7	0.78
甘氨酸(%)	0.84	1.12	0.69	0.82

表 4-5　北京白羽鹌鹑营养需要建议量

项　目	0～3 周龄	4～5 周龄	种鹌鹑
代谢能(兆焦/千克)	11.92	11.72	11.72
粗蛋白质(%)	24	19	20

续表 4-5

项 目	0～3 周龄	4～5 周龄	种鹌鹑
蛋氨酸(%)	0.55	0.45	0.50
蛋氨酸+胱氨酸(%)	0.85	0.70	0.90
赖氨酸(%)	1.30	0.95	1.20
色氨酸(%)	0.22	0.18	0.19
亮氨酸(%)	1.69	1.40	1.42
苯丙氨酸(%)	0.96	0.80	0.78
苏氨酸(%)	1.02	0.85	0.74
组氨酸(%)	1.36	0.30	0.42
钙(%)	0.90	0.70	3.00
有效磷(%)	0.50	0.45	0.50
钾(%)	0.40	0.40	0.40
钠(%)	0.15	0.15	0.15
氯(%)	0.20	0.15	0.15
铜(毫克/千克)	7	7	7
铁(毫克/千克)	120	100	60
锌(毫克/千克)	100	90	60
锰(毫克/千克)	300	300	500
碘(毫克/千克)	0.30	0.30	0.30
硒(毫克/千克)	0.20	0.20	0.20
维生素 A(国际单位/千克)	5000	5000	5000
维生素 D(国际单位/千克)	1200	1200	2400
维生素 E(国际单位/千克)	12	12	15
维生素 K(国际单位/千克)	1	1	1
核黄素(毫克/千克)	4	4	4
烟酸(毫克/千克)	40	30	20

续表 4-5

项　目	0～3 周龄	4～5 周龄	种鹌鹑
维生素 B$_{12}$（微克/千克）	3	3	3
胆碱（毫克/千克）	2000	1800	1500
生物素（毫克/千克）	0.30	0.30	0.30
叶酸（毫克/千克）	1	1	1
硫胺素（毫克/千克）	2	2	2
泛酸（毫克/千克）	10	12	15
吡哆醇（毫克/千克）	3	3	3

表 4-6　法国农业与环境委员会（AEC）（1993）建议的鹌鹑营养需要

营养成分	0～3 周龄	4～7 周龄	产蛋种鹑
代谢能（兆焦/千克）	12.13	12.97	11.72
粗蛋白质（%）	24.5	19.5	20
赖氨酸（%）	1.41	1.15	1.10
蛋氨酸（%）	0.44	0.38	0.44
蛋氨酸＋胱氨酸（%）	0.95	0.84	0.79
苏氨酸（%）	0.78	0.74	0.64
色氨酸（%）	0.20	0.19	0.21
钙（%）	1.00	0.90	3.50
总磷（%）	0.70	0.65	0.68
有效磷（%）	0.45	0.40	0.43

表 4-7　法国肉仔鹑营养需要

营养成分	0～7 日龄	8～28 日龄	29～42 日龄	43 日龄至出售
代谢能（兆焦/千克）	12.23	12.34	12.45	12.60
粗蛋白质（%）	28	26	24	20

续表 4-7

营养成分	0～7日龄	8～28日龄	29～42日龄	43日龄至出售
钙(%)	1.05	1.05	1.03	1.00
磷(%)	0.78	0.78	0.8	0.8
无机盐(%)	8.5	5	5	6.5
脂肪(%)	3.2	5	6.5	7
纤维素(%)	3	4	4	5
蛋氨酸(%)	0.36	0.36	0.45	0.45
蛋氨酸＋胱氨酸(%)	0.80	0.80	0.89	0.89
赖氨酸(%)	0.80	0.89	1.10	1.10

表 4-8　法国肉用种鹑营养需要

项　目	代谢能(兆焦/千克)	粗蛋白质(%)	钙(%)	总磷(%)
生长期	12.23	21.4	1.05	0.78
产蛋期	11.42	20	2.33	0.85

三、鹌鹑常用饲料原料

饲料原料是指用于生产配合饲料的单一饲料成分,包括饲用谷物、粮食加工副产品、油脂工业副产品、发酵工业副产品、动物性蛋白质饲料、饲用油脂、矿物质、维生素等。按照主要成分和用途分为能量饲料、蛋白质饲料、矿物质饲料、维生素饲料。鹌鹑体型小,嗉囊和胃的容积有限,每次采食量较少,加上消化道很短,食物通过时间短,对各种营养物质的消化吸收率较低。因此,鹌鹑要选择容易消化的饲料原料,饲料中粗纤维的含量不能超过3%。

(一)能量饲料

1. 玉米 是鹌鹑最主要的能量饲料,在鹌鹑饲粮配合中用得最多。玉米的主要成分为淀粉,有利于鹌鹑消化吸收,其特点是能量高(代谢能 13.50~14.04 兆焦/千克),粗纤维含量低(2%),适口性好,消化率高。玉米在鹌鹑日粮中用量一般为 40%~70%。选购玉米时,要求籽粒整齐、均匀,色泽呈黄色或白色,无发酵、霉变、结块及异味。饲用玉米要求水分一般地区不得超过 14%(东北、内蒙古、新疆地区不得超过 18%)。玉米的粗蛋白质含量在 7.5%~8.7%,其氨基酸组成不平衡,主要表现为赖氨酸、色氨酸和蛋氨酸的含量偏低。玉米中除硫胺素(维生素 B_1)含量较高外,其他维生素的含量均较少。黄玉米中含有胡萝卜素及叶黄素,对于保持蛋黄、皮肤的黄色具有重要作用。我国饲料用玉米的质量标准(GB 10363—89)见表 4-9。

表 4-9 饲料用玉米的质量标准 (%)

质量指标	一 级	二 级	三 级
粗蛋白质	≥9.0	≥8.0	≥7.0
粗纤维	<1.5	<2.0	<2.5
粗灰分	<2.3	<2.6	<3.0

2. 小麦 很多国家把小麦作为家禽日粮的主要能量来源,因品种和环境条件不同,其营养成分差别较大。小麦的能量(12.5 兆焦/千克)和蛋白质(12%~14%)含量均较高,而且蛋白质品质比玉米高(赖氨酸、蛋氨酸、色氨酸含量较玉米高)。小麦中 B 族维生素特别丰富,和玉米配合使用效果更好。鹌鹑日粮中小麦用量最高可至 30%。选购小麦时,要求籽粒整齐,色泽新鲜一致,无发酵、霉变、结块及异味。冬小麦要求水分不超过 12.5%(春小麦不超过 13.5%)。小麦含有较多的蛋白质,从其氨基酸组成来看,

苏氨酸明显缺乏,赖氨酸也显得不足。虽然小麦的蛋白质含量比玉米要高很多,供应的能量只是略微少些,但是如果在日粮中的用量超过30％就可能造成一些问题,特别是幼龄鹌鹑。小麦中由于含有较多的水溶性非淀粉多糖(如戊糖),喂饲后会出现黏粪现象。使用合成的木聚糖酶可添加小麦至50％。

3. 碎米　是稻谷制米过程中的破碎米粒,含有少量米糠。碎米淀粉含量高,纤维素含量低,易于消化,是鹌鹑的良好饲料,用量占鹌鹑日粮的10％～20％,在我国南方水稻种植区可以考虑使用。碎米中非淀粉多糖的含量很少,粗脂肪的含量较低(为2.2％左右),还缺乏胡萝卜素和B族维生素,其代谢能水平与玉米相似,为14.1兆焦/千克。碎米的粗蛋白质含量为8.8％左右,也与玉米相似,其色氨酸、赖氨酸含量高于玉米,而亮氨酸含量偏低。南方地区在禽饲料中常配以一定量的碎米以取代部分玉米。

4. 麸皮　是小麦加工面粉的副产品,普通小麦麸的蛋白质含量为15％左右,代谢能值约为6.5兆焦/千克,B族维生素的含量丰富,维生素E的含量也较高。另外,麸皮中含有较多的铁、锌、锰和磷,但磷的消化率很低。麸皮不仅结构疏松,粗纤维含量高,有助于刺激肠道蠕动,保持消化道健康。麸皮体积大,日粮中含量不宜超过10％,产蛋期鹌鹑最好不用。小麦麸的质量标准(GB10368—89)见表4-10,其外观性状应为浅灰色细碎屑状,色泽新鲜一致,无霉变结块,无异味,含水量应在12％以下。

表4-10　小麦麸的质量标准　（％）

质量指标	一　级	二　级	三　级
粗蛋白质	≥15	≥13	≥11
粗纤维	<9	<10	<11
粗灰分	<6	<6	<6

5. 次粉 是以小麦籽实为原料磨制各种面粉后获得的副产品。由于加工工艺不同，制粉程度不同，出麸率不同，次粉的营养差异也很大。次粉国家标准见表4-11，本标准适用于以各种小麦为原料，磨制精粉后除去小麦麸、胚及合格面粉以外的部分，即饲料用次粉。外观性状：粉状，粉白色至浅褐色，色泽新鲜一致。无发酵、霉变、结块及异嗅。水分含量不得超过13%。以粗蛋白质、粗纤维及粗灰分为质量控制指标，按含量分为三级。次粉是鹌鹑生产中很好的一种饲料原料，日粮用量一般为5%～10%。

表 4-11 次粉的质量标准 （%）

质量指标	一 级	二 级	三 级
粗蛋白质	≥14.0	≥12.0	≥10.0
粗纤维	<3.5	<5.5	<7.5
粗灰分	<2.0	<3.0	<4.0

6. 玉米胚芽粉 为玉米胚芽脱油后的残渣，也称玉米胚芽粕。其代谢能值较高，可达10兆焦/千克左右，粗纤维约为8%。粗蛋白质16%～19%，其蛋白质的氨基酸组成特点为精氨酸含量特别高，赖氨酸和色氨酸含量也较高。含有较多的维生素E、维生素B₂、胆碱等。

7. 油脂类 其能量很高，而且容易被鹌鹑所利用。在产蛋鹌鹑、商品肉鹑育肥期日粮中，为了增加能量快速育肥，可以加入一定量的油脂。动物性油脂主要来自畜禽屠宰加工厂的下脚料经高温加压蒸煮分离出的油脂，品质不稳定，选购时应注意。植物性油脂的亚油酸含量高于动物性油脂（表4-12），生产中使用较多的是豆油、玉米油，亚油酸含量丰富，有利于提高鹌鹑蛋重。

表 4-12 动、植物油脂中亚油酸含量 （％）

油脂类型	玉米油	豆 油	菜籽油	花生油	牛 油	猪 油	鱼 油
亚油酸所占比例	46	55	20	19	4	18	3

（二）蛋白质饲料

1. 豆粕 是大豆脱油后的副产品,脂肪含量 1.1％,代谢能为 10.29 兆焦/千克,粗蛋白质含量为 43％左右。豆粕的氨基酸组成较为合理,赖氨酸的含量高(约为 2.5％),异亮氨酸、色氨酸、苏氨酸的含量也较高,与玉米配合日粮效果好。豆粕的不足之处在于其蛋氨酸的含量偏低,因此,在以豆粕作为主要蛋白质饲料时,添加适量的蛋氨酸添加剂可取得良好的饲养效果。豆粕的质量标准(GB 10380—89)见表 4-13。外观性状:优质的豆粕应是淡黄色或黄褐色(加热过度呈暗褐色、加热不足颜色较浅)不规则的碎片状,色泽一致,干燥(含水量低于 13％),不发霉结块,无异味。

表 4-13 豆粕的质量标准 （％）

质量指标	一 级	二 级	三 级
粗蛋白质	≥44	≥42	≥40
粗纤维	<5	<6	<7
粗灰分	<6	<7	<8

另外,市场上有一种豆粕叫膨化豆粕,是在大豆粉碎后加了一道膨化工艺,主要目的是提高出油率,同时也提高了豆粕的质量,破坏豆粕中的抗营养因子(尿酶活性较低)。普通豆粕的颜色为浅黄色至浅褐色,膨化豆粕的颜色为金黄色。

2. 菜籽粕 是菜籽脱油后的副产品。菜籽粕的粗蛋白质含量在36%左右,氨基酸组成特点:蛋氨酸含量高,精氨酸含量较低,与棉籽粕配合使用其互补效果较好。菜籽粕中粗纤维含量较高,为11%左右,而且还含有较多的不易消化的多聚糖,故其代谢能值偏低,约为7.99兆焦/千克。在鹌鹑日粮中应限制应用,一方面因为其适口性较差,影响采食量,另一方面因其含有有毒物质。一般用量控制在5%以下,经脱毒处理后可以增加到12%。菜籽粕质量标准(GB 10375—89)见表4-14。外观性状:黄色或浅褐色粗粉状,无发霉结块,无异味,水分含量不超过12%。

表 4-14 菜籽粕的质量标准 (%)

质量指标	一 级	二 级	三 级
粗蛋白质	≥40	≥37	≥33
粗纤维	<14	<14	<14
粗灰分	<8	<8	<8

3. 棉籽粕 是棉籽去壳脱油后的副产品。粗蛋白质含量一般为34%~38%,在其蛋白质氨基酸组成中赖氨酸和蛋氨酸含量偏低,精氨酸的含量偏高。其代谢能值为8.3~9.2兆焦/千克。棉籽粕中含有有毒物质棉酚,在使用中应严格控制用量。产蛋种鹑最好不用,否则会影响到种蛋的受精率和孵化率。商品蛋鹑用量宜控制在6%之内。

4. 脱酚棉籽蛋白 是由棉籽经过剥绒、剥壳,在低温下一次性浸油、沥干后再经过脱除有毒物质(棉酚)后制成的一种高蛋白质产品。是一种优良高营养饲料原料,其代谢能量水平与豆粕相当,粗蛋白质含量超过50%(最高达56%),氨基酸组成好,消化利用率较高。据中国农业科学院饲料研究所分析,脱酚棉籽蛋白质氨基酸总量占粗蛋白质比例为95.6%,所含非蛋白氮很少。其含水率在8%以下,不易霉变,比较容易保存。加工工艺的脱酚比较彻底,同时能去除棉籽在储藏过程中可能产生的黄曲霉素,提高了使用的安全性。除了赖氨酸略低于豆粕外,其他重要氨基酸都高于豆粕,很适于家禽使用。目前在一些饲料场鹌鹑饲料配制中大量使用,既可满足鹌鹑对高蛋白质的需求,又降低了饲料成本。

5. 花生粕　即花生仁经过脱油后的副产品。花生在榨油前一般都要去壳,因此其营养价值很高,粗蛋白质含量为44%左右,与豆粕相近。其另一特点是有香味,适口性好。其氨基酸组成特点是:赖氨酸和蛋氨酸含量偏低,而精氨酸含量过高,使用时宜与菜籽粕、血粉、鱼粉等含精氨酸少的原料配合使用。花生中也含有抗胰蛋白酶因子,在油料加工过程若经过120℃高温处理则可使之灭活,加热不够的花生粕仍含有抗胰蛋白酶因子。花生粕容易染上黄曲霉而产生黄曲霉毒素,在含水较多、温度较高的情况下更易发生,应注意保存条件。

6. 葵花粕　其营养价值取决于脱壳程度,未脱壳的葵花粕不适于用作鹌鹑饲料。其代谢能值为6.3～9.5兆焦/千克,粗纤维含量为12%～25%,粗蛋白质含量在28%～32%。其蛋白质的氨基酸组成特点:蛋氨酸含量较高,而赖氨酸含量较低。

7. 玉米蛋白粉　也称玉米面筋粉,是玉米生产淀粉及酿酒工业提纯后的副产品。玉米蛋白粉的蛋白质含量差异较大,在25%～60%,其蛋白质的氨基酸组成特点是:赖氨酸、色氨酸含量很低,蛋氨酸含量较高,精氨酸含量高(是赖氨酸含量的2～2.5倍)。其代谢能值在7～10兆焦/千克,还含有较多的类胡萝卜素(约为270毫克/千克),所含的叶黄素是良好的着色剂,可以提高蛋黄色泽,粗纤维含量低(约为2%),容易消化吸收,适鹌鹑饲料使用。

8. 鱼粉　分进口鱼粉和国产鱼粉2种。进口鱼粉主要来自秘鲁、智利、巴西、阿根廷等国,一般是由鳗鱼、鲱鱼、沙丁鱼等全鱼制成,品质优于国产鱼粉。其营养特点:蛋白质含量高,氨基酸组成比例好。蛋白质含量一般在60%以上,高的达70%以上,赖氨酸和蛋氨酸含量都很高,但精氨酸含量少,与大多数植物性蛋白质饲料的配伍效果都很好;磷的利用率很高;含有较多的硒和锌;含有丰富的脂溶性维生素(维生素 A、维生素 D、维生素 E 和维生素 K),水溶性维生素中核黄素、生物素和维生素 B_{12} 的含量也很丰富;还含有未知促进生长因子。鱼粉价格较高,会增加饲料成本,在育雏期饲料中使用,用量一般为 5%～10%。国产鱼粉的质量标准见表 4-15。外观性状为黄褐色粗粉状,有正常的鱼腥味而无异臭及焦灼味,无发霉结块,水分含量不超过 12%,尝不到苦咸味。

表 4-15　国产鱼粉质量标准　(%)

质量指标	特　级	一　级	二　级	三　级
颜　色	黄棕色	黄棕色	黄褐色	黄褐色
粗蛋白质	≥65	≥60	≥55	≥50
粗脂肪	<11	<12	<13	<14
盐　分	<2	<3	<3	<4
含　砂	<1.5	<2	<3	<5

9. 肉骨粉　是肉类屠宰加工厂的下脚料和不能食用的屠体部分经高温高压灭菌、脱脂、烘干和粉碎后的产品。由于原料差异,所生产的肉骨粉营养水平也存在较大差异,肉骨粉的粗蛋白质含量在 25%～55%,代谢能值在 6.5～11.3 兆焦/千克。通常把含磷量在 4.4% 以下的称为肉粉,4.4% 以上的称肉骨粉。这主要表明了原料中骨头所占的量。由于肉骨粉的质量不稳定,限制了其在鹌鹑饲料中的应用。

10. 血粉　其蛋白质含量高达 80%,赖氨酸含量丰富,但异亮氨酸缺乏。使用时要注意同其他蛋白质饲料适当搭配。血粉适口性差,故不宜多喂,用量不应超过 5%,否则影响食欲。

11. 蚕蛹粉　由蚕蛹经干燥后粉碎而成,因新鲜的蚕蛹脂肪含量高,有异味,直接饲喂容易造成消化紊乱。若蚕蛹经脱脂后再干燥粉碎则称为蚕蛹粕或蚕蛹渣。蚕蛹粉的脂肪含量可达 20%以上;蚕蛹粕的含脂率约为 3%,粗蛋白质含量可达 65%,代谢能值在 10.4～11.4 兆焦/千克。蚕蛹粉容易消化吸收,营养价值与鱼粉相似。肉仔鹑育肥期不能添加,否则影响肉质风味。其蛋白质氨基酸组成特点:蛋氨酸含量很高,赖氨酸和色氨酸含量也较高,精氨酸含量则较低。因此,用于鹌鹑配合饲料时应与其他原料很好地搭配。

12. 饲料酵母　是采用工厂化发酵制成的,其蛋白质含量在35%～50%,主要为菌体蛋白。其氨基酸组成蛋氨酸含量偏低,赖氨酸含量较高。还含有较为丰富的 B 族维生素及未知促生长因子。其质量(蛋白质及氨基酸组成)取决于菌种、培养基和酵母细胞的增殖方式。优质饲料酵母粉的外观为黄灰色粉末或呈淡黄色小颗粒状,具有酵母特有的香味,无发霉结块。每克干样中酵母菌的数量达 30 亿个以上。代替部分鱼粉及豆粕用于配制鹌鹑日粮可取得良好的效果,在饲料中用量可占 2%～5%。但是,应该注意的是,目前市场上销售的饲料酵母粉绝大部分不是真正意义上的酵母粉,而只能称为酵母发酵饲料。因此,在选用饲料酵母时要进行认真分析,不能仅看粗蛋白质含量一项指标(粗灰分要求在9%以下)。

(三)矿物质饲料

鹌鹑需要从饲料中获取的常量矿物元素有钙、磷、钠、钾、氯等。

1. 氯化钠　也称食盐,用来补充氯和钠的不足。一般鹌鹑日粮中食盐含量稳定在 0.3%左右,不要经常变动。供应不足时会出现啄羽、啄肛等异嗜癖,采食量下降,从而影响生长和产蛋。

2. 石粉和贝壳粉　二者的主要成分为碳酸钙,用来补充鹌鹑对钙的需求。石粉含钙量为 35%～38%。贝壳粉含钙量在 30%以上。生长期用量为 1%～1.2%，产蛋期用量为 6%～7%。某些地方生产的石粉中含有较多的氟、镁、砷等杂质，使用后会出现蛋壳较薄且脆、健康状况不良等现象。按规定石粉中镁＜0.5%，汞＜2毫克/千克，砷和铅皆＜10毫克/千克。贝壳粉的品质和饲喂效果优于石粉，但来源少，价格高。

3. 骨粉　是以新鲜无变质的动物骨经高压蒸汽灭菌、脱脂或经脱胶、干燥、粉碎后的产品。是配合饲料中最常用的磷源饲料，同时也补充钙。鹌鹑饲料中骨粉用量为 1%～2%。饲料用骨粉质量标准（GB/T 20193—2006）见表 4-16。钙含量应为总磷含量的 180%～220%。

表 4-16　饲料用骨粉质量标准

总磷（%）	粗脂肪（%）	水分（%）	酸价（氢氧化钾）（毫克/克）
≥11	≤3	≤5	≤3

4. 磷酸氢钙　也称为磷酸二钙，是目前饲料中广泛使用的一种磷源饲料，其钙、磷的含量分别为 21% 与 16%，利用效率较高。饲料用磷酸氢钙质量标准（GB 8258—87）见表 4-17。其外观为白色或灰色粉末状或粒状。在市场上常见到一些品质差的产品，磷含量不足而氟含量超标。

表 4-17　磷酸氢钙质量标准

指　标	含量标准
磷含量（%）	≥16
钙含量（%）	≥21
砷含量（毫克/千克）	≤30
重金属（以铅计,毫克/千克）	≤20
氟含量（毫克/千克）	≤1800

(四)常用饲料添加剂

鹌鹑饲料中除了蛋白质饲料、能量饲料、矿物质饲料等主要原料外,还需要各种微量的营养元素和防病保健类添加剂。这些需要量很小的物质都是以添加剂的形式供给,在加入大料前,一般要经过稀释剂的稀释,才能混合均匀,以防中毒。鹌鹑常用饲料添加剂有以下几种。

1. **复合维生素添加剂** 维生素在畜禽代谢过程中起着重要的营养和保健作用,是集约化饲养条件下必须补充的饲料添加剂。全价饲料配制直接使用单项维生素存在着许多弊端,多数单项维生素容易在光、热、湿等条件下失去活性,而且维生素生产设备要求高,投入大,生产工艺要求高。目前生产中大量应用的是由多种维生素制剂加上载体或稀释剂制成的匀质混合物,即多种维生素预混料产品(称复合维生素添加剂)。氯化胆碱因有极强的碱性和吸湿性,对其他维生素生理效价的影响较大,必须单独添加。常用的几种复合维生素添加剂的成分含量见表4-18。

表4-18 几种常见蛋禽用复合维生素添加剂的成分 (每千克)

种 类	白云维他	圣旺维他	牧乐维他	山东鲁维素	新杨维他
维生素 A(国际单位)	5400 万	5400 万	5400 万	4000 万	4500
维生素 D_3(国际单位)	1080 万	1080 万	1080 万	1400 万	1500
维生素 E(毫克)	1.5 万	1.5 万	1.5 万	4 万	5 万
维生素 K_3(毫克)	5000	5000	5000	5000	1 万
维生素 B_1(毫克)	2000	2000	2000	6000	3000
维生素 B_2(毫克)	1.5 万	1.5 万	1.5 万	2 万	2.2 万
维生素 B_6(毫克)	3000	3000	—	6000	—
维生素 B_{12}(毫克)	30	30	30	40	20
泛酸钙(毫克)	2.5 万	2.5 万	2.5 万	5 万	2 万

续表 4-18

种　类	白云维他	圣旺维他	牧乐维他	山东鲁维素	新杨维他
叶酸（毫克）	500	500	500	2000	—
烟酸（毫克）	3 万	3 万	3 万	5 万	6 万
生物素（毫克）	—	160	—	300	

2. 鱼肝油 在临床上主要用来治疗维生素 A 缺乏所致的夜盲症、干眼病。除此之外，还可用来增强机体抗病功能。加入饮水中可以保护上皮组织的完整健全，能提高机体对外界病原微生物的防御作用。同时，其可影响机体蛋白质的合成和钙的吸收，从而影响鹌鹑的生长发育，长期使用还会出现蓄积中毒发生，特别是饲料中脂类物质较多的时候，不能长期使用。

（1）降低畸形蛋，提高产蛋率　初开产的青年鹌鹑产蛋时软壳蛋、破损蛋比较多，蛋形、斑点、光泽、大小均达不到要求。公母混养的成年鹌鹑亦会出现该现象。如果在饮水中添加适量鱼肝油，畸形蛋数量就会明显下降，同时产蛋率也有明显提高。

（2）预防惊吓引起的应激　产蛋高峰期的鹌鹑，在受到惊吓的时候，常四处乱撞，稍歇片刻，就会有小部分出现剧烈的神经症状（一般有 5% 左右）。主要表现为迅速倒地，头偏向一侧，翅膀不断地扑腾，做旋转运动，间歇时低头耷翅，羽毛散乱，精神委靡不振。小部分昏迷抽搐死亡。如果在饮水中加入鱼肝油（超浓缩鱼肝油100 克对水 1 000 克），则鹌鹑群再受到惊吓后，一般不再出现上述症状，应激现象也得到明显缓解。

3. 微量元素添加剂 鹌鹑笼养后需要补充微量元素。主要为铁、铜、锌、锰、碘和硒的化合物，如硫酸亚铁、硫酸铜、硫酸锌、硫酸锰、碘化钾和亚硒酸钠等。目前市售的产品多是复合微量元素（有 0.5% 和 1% 两种），载体多为轻质石粉。各种微量元素化合物含量见表 4-19。

表 4-19　常用添加剂(纯化合物)的微量元素含量

元素	化合物	化学式	微量元素含量(%)
铁(Fe)	七水硫酸亚铁	$FeSO_4 \cdot 7H_2O$	20.1
	一水硫酸亚铁	$FeSO_4 \cdot H_2O$	32.9
铜(Cu)	五水硫酸铜	$CuSO_4 \cdot 5H_2O$	25.5
	一水硫酸铜	$CuSO_4 \cdot H_2O$	35.8
锰(Mn)	五水硫酸锰	$MnSO_4 \cdot 5H_2O$	22.8
	一水硫酸锰	$MnSO_4 \cdot H_2O$	32.5
锌(Zn)	七水硫酸锌	$ZnSO_4 \cdot 7H_2O$	22.75
	一水硫酸锌	$ZnSO_4 \cdot H_2O$	36.45
	氧化锌	ZnO	80.3
	碳酸锌	$ZnCO_3$	52.15
硒(Se)	亚硒酸钠	Na_2SeO_3	45.6
碘(I)	碘化钾	KI	76.45
	碘酸钙	$Ca(IO_3)_2$	65.1
钴(Co)	七水硫酸钴	$CoSO_4 \cdot 7H_2O$	20.48
	一水硫酸钴	$CoSO_4 \cdot H_2O$	34.08

4. 氨基酸添加剂　蛋白质的生物学价值与其氨基酸组成的平衡效果有关,对于大多数饲料原料来说其氨基酸平衡效果均不佳,主要是某几种必需氨基酸的含量不足或过高。对于一般配制的家禽饲料来说有几种氨基酸最易缺乏,如赖氨酸、蛋氨酸和色氨酸等,若在饲料中适量补充相应的合成氨基酸,则会使家禽的生产性能明显提高。鹌鹑饲料配制常用的合成氨基酸添加剂有蛋氨酸和赖氨酸,纯度为98%以上,以单项形式出售。蛋氨酸和赖氨酸在不同类型、不同的生长阶段鹌鹑饲料中都需要添加。氨基酸添加剂的质量标准见表4-20。鹌鹑饲料中赖氨酸缺乏主要表现生

长发育不良、发育迟缓。蛋氨酸缺乏表现啄癖、羽毛生长不良、产蛋率下降、饲料转化率下降。

表 4-20　几种氨基酸添加剂的质量标准

指　标	L-赖氨酸	DL-蛋氨酸	DL-色氨酸
纯度(%)	≥98.5	≥98.5	≥98.5
砷(毫克/千克)	≤2	≤2	≤2
重金属(以铅计,毫克/千克)	≤30	≤20	≤20
氯化物(%)	≤0.2	≤0.2	≤0.2

5. 抗生素替代品　抗生素添加剂是目前国内外应用较广泛的饲料药物添加剂,主要有黄霉素、金霉素、盐霉素、马杜拉霉素、泰乐菌素、杆菌肽锌等。合理使用抗生素添加剂,能促进畜禽生长发育、预防疾病、缩短饲养周期、提高饲料利用率及改善动物产品的品质;若不合理地长期使用,尤其是滥用抗生素添加剂,常引起耐药菌株的产生,并可导致畜禽产品中的药物残留量增加,对畜禽生长及人体健康造成直接危害。鹌鹑饲料中添加适量抗生素的目的是防病和促生长,提高产蛋量。由于抗生素容易造成产品药物残留和耐药性菌株的出现,应尽量减少或不用抗生素添加剂,寻求抗生素替代品。

(1)益生素　又称活菌制剂或微生态制剂主要是肠球菌、乳酸杆菌、双歧杆菌、芽胞杆菌、酵母菌等,是无毒、副作用及无残留的绿色饲料添加剂。益生素可在消化道内增殖,产生乳酸和乙酸,使消化道内 pH 值下降并产生溶菌酶、过氧化氢等代谢产物,抑制有害细菌在肠黏膜的附着与繁殖,平衡消化道内的微生物群;与消化道菌群之间存在生存和繁殖的竞争,限制致病菌群的生存、繁殖以及在消化道内的定居和附着,协助机体消除毒素及代谢产物;刺激机体免疫系统,提高干扰素和巨噬细胞的活性,促进抗体产生,提高免疫力和抗病能力;抑制消化道内氨及其他腐败物质生成的作用;产生各种消化酶,促进动物对营养物质的消化吸收;合成 B 族维生素、维生素 K 等微量营养素及改善矿物质吸收。

（2）寡聚糖　是由一个糖基通过糖苷键连接而成的具有直链或支链结构的低聚糖的总称。目前用作饲料添加剂的寡聚糖主要有低聚果糖、半乳聚糖、甘露寡聚糖、半乳蔗糖、大豆寡聚糖、低聚异麦芽糖。这些寡聚糖都属短链分支类,不能被动物消化,但可以被肠道有益微生物利用,从而促进有益菌群(双歧杆菌)的增殖。寡聚糖因其调节动物微生态平衡的作用与活菌制剂相似,营养界称其为化学益生素。寡聚糖生理功能:促进生长,防止腹泻与便秘,增强免疫功能,提高抗病力,减少粪便中氨气等腐败物质的产生,防止环境污染,提高对营养物质的吸收率和饲料的利用效率,降低血清中胆固醇的含量等。

（3）酸化剂　①有机酸,如柠檬酸、延胡索酸、乳酸、乙酸、丙酸、甲酸等及其盐类。此外还有苹果酸、山梨酸和琥珀酸等。其具有良好的风味,能改善饲料的适口性,参与体内营养物质的代谢等。但成本较高。②无机酸化剂,如盐酸、硫酸、磷酸,其酸性强,成本低,生产中也可添加。③复合酸化剂,是利用各种有机酸和无机酸按一定比例配合而成,具有良好的缓冲效果,能迅速降低 pH 值,减少营养性腹泻。

饲用酸化剂能使病原微生物的繁殖受到抑制,使有益菌增殖;具有提高消化道酶活性和营养物质消化率的作用;减少肠道微生物有害代谢产物如氨气、多胺类物质的产生,改善消化道的内环境;络合钙、锌、铁、锰等矿物元素,促进其在体内的吸收和存留;有利于维生素 A 和维生素 D 的吸收;有助于调节免疫系统的反应,增强免疫功能,缓解应激。有些酸化剂还能直接参与机体内代谢,如柠檬酸、延胡索酸参与机体三梭酸循环,生成乳酸,通过糖异生作用释放能量。

（4）酶制剂　酶广泛存在于所有生物体内,尤其是细菌、真菌等微生物是各种酶制剂的主要来源。生物体内产生的酶,经过特定加工工艺加工后的产品就是酶制剂。酶制剂分单一酶制剂和复合酶制剂。目前除植酸酶有单一酶产品外,其余饲用酶制剂大多是包含两种或多种酶的复合制剂。应用较多的有纤维素酶、葡聚糖酶、木聚糖酶、淀粉酶、蛋白酶、果胶酶和植酸酶等。添加饲用酶制剂能补充动物体内源酶的不足,增加其自身不能合成的酶,从而消除抗营养因子、改变肠道微生物群,增加肠道有益菌,促进对养分的消化吸收,提高饲料利用率,促进生长。

(5)抗菌肽　是生物体内诱导产生的一种具有抗菌作用的多肽类物质。它广泛存在于多种生物体内,是生物体对抗外界病原侵染而产生的一系列免疫反应的产物。其分子量小,性能稳定,具有较强的广谱抗菌能力,对革兰氏阳性菌及阴性菌均有杀伤作用,对原虫、肿瘤也有作用。抗菌肽有着独特的不同于抗生素的抗菌机制,且具有传统抗生素无法比拟的优越性,不会诱导抗药菌株的产生,有广阔的应用前景。

(6)中草药添加剂　中草药安全可靠、毒副作用小,其抗菌作用具有广泛性,协同使用不会导致病原产生耐药性。有些中草药本身就含有丰富的蛋白质、维生素和矿物元素,兼有药效和营养双重功能。具体作用有:①理气消食、助脾健胃,如陈皮、神曲、麦芽、枳实、山楂等。②活血化瘀、促进代谢,如红花、当归、益母草、鸡血藤等。③清热解毒、杀菌抗病,如金银花、连翘、荆芥、柴胡、野菊花、麦饭石等。④驱虫除积,如槟榔、贯众、使君子、百部、硫黄等。⑤宣肺化痰、止咳平喘,如用华山参、牛黄、雄黄、苍术、板蓝根、冰片、桔梗、蟾酥、青黛、马钱子、锻硼砂和百部等配制的参蟾解毒定喘丸对治疗传染性支气管炎有显著效果。利用中草药煎成汤或研磨成细末生产出单方或复方制剂。在普通饲养条件下,将制剂添加于日粮中,供动物饲用或饮用,可预防动物疾病、加速生长、提高生产性能和改善畜禽产品质量。

四、鹌鹑饲料配方设计

日粮是鹌鹑一昼夜内(24小时)所需各种饲料的总量。由于单一饲料很难满足鹌鹑的营养需要,因此将各种饲料原料相互搭配,使各种营养物质的种类、数量及相互比例均衡,满足鹌鹑的营养需要。一般以各种饲料的百分比例配合。

(一)鹌鹑日粮配合应注意的问题

1. 饲料原料多样化 在进行鹌鹑的日粮配合时,饲料的品种应多一些,使不同饲料的营养成分能互相补充,达到全价和平衡。

2. 饲料原料来源可靠 饲料的来源应可靠,以保证配方相对稳定,避免更换配方造成大的应激。尽量选择当地生产、价格便宜的饲料原料,以降低饲料成本。

3. 注意粗纤维含量 鹌鹑对粗纤维的消化能力很有限,要选择粗纤维含量低、容易消化吸收的饲料原料,特别是在育雏期和产蛋期更要注意。

4. 适口性与安全性 注意饲料原料的品质和适口性,饲料的品质优良,不能用发霉变质的饲料,有条件时应对饲料成分、清洁度、卫生指标进行分析测定。禁止使用发霉变质饲料。

5. 营养浓度要高 鹌鹑的消化道容积小,所以饲料的体积也应小,麸皮等用量不宜过多。配好的饲料应与饲养标准相符,既要满足鹌鹑的营养需要,又不能营养过多造成浪费。

6. 混合均匀 各种添加剂(氨基酸、多种维生素、微量元素)计量准确,各种饲料配合好后进行粉碎,一定要混合均匀,特别是一些微量成分(微量元素和维生素等添加剂),要采取逐级混合法。粒度要在3毫米以内。

(二)日粮配合方法

鹌鹑的饲养标准中规定了近 30 种营养成分的指标,饲料生产部门可应用配方软件进行科学配料。一般养鹑场和养鹑专业户可采用以下简略方法:首先根据饲养标准,将需要计算的各种营养成分标准列出,将各种饲料的比例确定,将各种饲料所含营养成分的量计算出来,合计配方中各营养成分的总量,与饲养标准对照,如与标准不符,应进行调整,直至与标准基本相符;若某种氨基酸成分不够,以调整配方仍不能达到标准,可以添加剂形式加入,最后按配方饲喂,先检验配方效果是否令人满意,若有问题,还应调整,一旦确定,不要轻易改动。

配料时,常规饲料的一般比例是:①能量饲料(谷物类)2～3种,比例 60%～70%。②糠麸类 1～2 种,比例 5%～10%。③植物性蛋白质饲料(饼粕类)2～3 种,比例 20%～30%。④动物性蛋白质饲料(鱼粉、肉骨粉、蚕蛹粉等)1～2 种,比例 10%～15%。⑤矿物质饲料(骨粉、石粉、食盐等)2%～6%。⑥添加剂类(微量元素、维生素、药物等)0.5%～1.0%。

(三)饲料配方示例

见表 4-21,表 4-22,供参考。

表 4-21　蛋用型鹌鹑及种鹑饲料配方实例　(%)

饲　料	育雏期 (0～20 天)			育成期 (21～40 天)			产蛋期及种用期 (41 天以后)		
	1	2	3	1	2	3	1	2	3
玉　米	54	49.5	53	60	52	57.6	58	49	59
小　麦	—	7.2	—	—	10	—	—	10	—

续表 4-21

饲　料	育雏期 (0～20天)			育成期 (21～40天)			产蛋期及种用期 (41天以后)		
	1	2	3	1	2	3	1	2	3
豆　粕	25	28	32	19.6	17.6	22	20	22	20
菜籽饼	—	3	—	3	—	5	3	—	—
国产鱼粉	13	10	8	5	8	3	11	11	10
酵母粉	2.0	—	—	—	—	—	—	—	3
麸　皮	4.2	—	4.7	10	10	10	—	—	—
骨　粉	1.0	1.46	1.46	1.47	1.47	1.47	1.55	1.55	1.55
石　粉	—	—	—	—	—	—	5.5	5.5	5.5
食　盐	0.16	0.2	0.2	0.3	0.3	0.3	0.3	0.3	0.3
蛋氨酸	0.1	0.1	0.1	0.1	0.1	0.1	0.1	0.1	0.1
微量元素	0.5	0.5	0.5	0.5	0.5	0.5	0.5	0.5	0.5
多种维生素	0.04	0.04	0.04	0.03	0.03	0.03	0.05	0.05	0.05
代谢能(兆焦/千克)	11.96	12.0	11.87	11.86	11.89	11.72	11.58	11.57	11.65
粗蛋白质	24.2	24.0	23.8	19.1	19.1	19.65	21.0	21.0	20.8
钙	1.10	1.12	1.02	0.88	0.99	0.81	3.09	3.08	3.09
磷	0.84	0.81	0.80	0.76	0.81	0.75	0.79	0.79	0.83

表 4-22　肉仔鹑饲料配方实例　（％）

饲　料	0～15天			16～35天		
	1	2	3	1	2	3
玉　米	54.65	54	52.1	65.2	62.8	64
豆　粕	34	34	39	23	27	26
菜籽饼	—	3.32	3.0	—	2.0	4.4
国产鱼粉	9.0	6.0	3.0	10	6.0	3.0

续表 4-22

饲 料	0～15 天			16～35 天		
	1	2	3	1	2	3
骨　粉	1.0	1.2	1.3	0.6	0.8	1.0
石　粉	0.5	0.5	0.5	0.5	0.5	0.5
食　盐	0.1	0.1	0.1	0.1	0.2	0.3
赖氨酸	0.1	0.1	0.1	—	0.06	0.16
蛋氨酸	0.1	0.13	0.15	0.06	0.1	0.1
微量元素添加剂	0.5	0.5	0.5	0.5	0.5	0.5
禽用多种维生素	0.05	0.05	0.05	0.04	0.04	0.04
代谢能(兆焦/千克)	12.07	11.94	11.89	12.56	12.38	12.33
粗蛋白质	24.6	24.2	24.4	21.2	21.4	20.1
钙	1.0	1.0	0.94	0.94	0.86	0.81
磷	0.71	0.70	0.68	0.62	0.60	0.59

(四)鹌鹑饲料种类

1. 全价配合饲料 是根据各个阶段鹌鹑的营养需要,将多种饲料原料按照科学配方和加工方法制成的全价饲料,直接喂给,不再添加其他物质。全价配合饲料应用简单方便,适合中小型饲养户采用,不需购买其他原料,且品质较为稳定。对于大型饲养场来说运输成本增加,最好采用浓缩饲料或添加剂预混料。

2. 浓缩饲料 将预混料、矿物质饲料、合成氨基酸和某些蛋白质饲料,按一定比例混合而成,使用前只需加入能量饲料就可成为全价配合饲料。浓缩饲料一般占全价饲料的比例为 30％～40％,应有明确的标签说明。

3. 添加剂预混料 是将全价饲料中除去能量饲料和蛋白质

饲料以外的部分(微量元素、维生素、矿物质)混合而成。在规模化鹌鹑生产中,有时购买大量的全价配合饲料会增加运输成本,而且不能利用当地的饲料原料(如玉米、豆粕等)。不同类型的饲料如雏鹑料、仔鹑料、育肥料、种鹑料等有各自的预混料,主要成分为维生素、微量元素和其他添加物。添加剂预混料有 1%、2%、5% 等多种,应有明确的标签说明。

五、鹌鹑饲料加工

(一)鹌鹑饲料加工要求

1. 饲料原料的质量要求　感官上:具有该品种应有的色、味和形态特征,无发霉、变质、结块、异味及异嗅。饲料原料中有害物质及微生物允许量符合 GB 13078 的规定要求。配合饲料中含有的饲料添加剂应有相应说明。禁用制药工业副产品及各种抗生素滤渣。

2. 饲料添加剂要求　配合饲料中使用的饲料添加剂产品应取得饲料添加剂产品生产许可证的正规企业生产,具有产品批准文号。感官指标:具有该品种应有的色、嗅、味和形态特征,无发霉、变质、异味及异嗅。有害物质及微生物允许量符合饲料卫生标准(GB 13078)及相关标准的规定要求。饲料中使用的营养性饲料添加剂和一般性饲料添加剂产品,符合 NY 5037—2001 附录 A 所规定的品种,或取得产品批准文号的新饲料添加剂品种。药物饲料添加剂的使用按照 NY 5037—2001 附录 B 执行。饲料添加剂产品的使用应严格按照产品标签所规定的用法、用量使用。

3. 配合饲料、浓缩饲料和添加剂预混合饲料要求　感官指标:色泽一致,无霉变、结块及异味、异嗅。有毒有害物质及微生物允许量符合 GB 13078 的规定要求。产品成分分析保证值应符合标签中所规定的含量。鹌鹑配合饲料、浓缩饲料和添加剂预混合料中严禁使用违禁药物。

4. 加工过程要求 饲料企业的工厂设计与设施及生产过程的卫生管理符合 GB/T 16764 的规定要求。饲料加工过程中的配料、混合、制粒过程按 NY 5037—2001 中的要求执行。新接受的饲料原料和各批次的饲料产品应保留样品。留样应设标签,载明饲料品种、生产日期、批次、采样人,建立档案并由专人负责保管。样品应保留至该批产品保质期满后 3 个月。

(二)鹌鹑饲料加工工艺流程

1. 原料的接收 散装原料用自卸汽车经地磅称量后将原料卸到卸料坑。包装原料的接收:分为人工搬运和机械接收 2 种。

2. 原料的贮存 饲料中原料和物料的状态较多,必须使用各种形式的料仓,饲料厂的料仓有筒仓和房式仓 2 种。主原料如玉米、小麦等谷物类原料,流动性好,不易结块,多采用筒仓贮存,而副料如麸皮、豆粕等粉状原料,散落性差,存放一段时间后易结块不易出料,宜采用房式仓贮存。

3. 原料的清理 饲料原料中的杂质不但影响饲料产品质量,而且直接关系到饲料加工设备及人身安全,严重时可致整台设备遭到破坏,影响饲料生产的顺利进行,故应及时清除。饲料厂的清理设备以筛选和磁选设备为主,筛选设备除去原料中的石块、泥块、麻袋片等大而长的杂物,磁选设备主要去除铁质杂质。

4. 原料的粉碎 饲料粉碎的工艺流程是根据要求的粒度、饲料的品种等条件而定。按与配料工序的组合形式,可分为先配料后粉碎工艺与先粉碎后配料工艺。鹌鹑饲料加工一般多采用先配料后粉碎工艺:按饲料配方的设计先进行配料并进行混合,然后入粉碎机进行粉碎。

5. 配料工艺 目前常用的工艺流程有人工添加配料、容积式配料、一仓一秤配料、多仓数秤配料、多仓一秤配料等。人工添加配料用于小型饲料加工厂和饲料加工车间,人工的操作环境差、劳动强度大、劳动生产率很低,尤其是操作工人劳动较长时间后,容易出差错。容积式配料,每只配料仓下面配置一台容积式配料器。一仓一秤配料、多仓一秤配料、多仓数秤配料是将所计量的物料按照其物理特性或称量范围分组,每组配上相应的计量装置。

6. 混合工艺   可分为分批混合和连续混合 2 种。分批混合就是将各种混合组分根据配方的比例混合在一起,并将其送入周期性工作的"批量混合机"分批地进行混合,大多采用自动程序控制。连续混合工艺是将各种饲料组分同时分别地连续计量,并按比例配合成一股含有各种组分的料流,当其进入连续混合机后,则连续混合而成一股均匀的料流。这种工艺的优点是可以连续地进行,容易与粉碎及制粒等连续操作的工序相衔接。

7. 制粒工艺   鹌鹑颗粒饲料是未来的发展方向,方便采食,减少浪费。

(1)调质   是制粒过程中最重要的环节。直接决定着颗粒饲料的质量。目的是将配合好的干粉料调质成为具有一定水分、利于制粒的粉状饲料,目前我国饲料厂都是通过加入蒸汽来完成调质过程。

(2)制粒   分环模制粒和平模制粒 2 种方式。环模制粒是将调质均匀的物料先通过电磁铁去杂,然后被均匀地分布在压辊和压模之间,这样物料由供料区压紧区进入挤压区,被压辊钳入模孔连续挤压开分,形成柱状的饲料,随着压模回转,被固定在压模外面的切刀切成颗粒状饲料。平模制粒是将混合后的物料进入制粒系统,位于压粒系统上部的旋转分料器均匀地把物料撒布于压模表面,然后由旋转的压辊将物料压入模孔并从底部压出,经模孔出来的棒状饲料由切辊切成需要的长度。

(3)冷却   在制粒过程中由于通入高温、高湿的蒸汽,同时物料被挤压产生大量的热,使得颗粒饲料刚从制粒机出来时,含水量达 16%～18%,温度高达 75～85℃,在这种条件下,颗粒饲料容易变形破碎,贮藏时也会产生粘结和霉变现象,必须使其水分降至 14% 以下,温度降低至比外界温度高 8℃ 以下,这就需要冷却。

(4)破碎 在颗粒机的生产过程中为了节省电力,增加产量,提高质量,往往是将物料先制成一定大小的颗粒,然后再根据饲用时的粒度用破碎机破碎成合格的产品。

(5)筛分 颗粒饲料经粉碎工艺处理后,会产生一部分粉末、凝块等不符合要求的物料,因此破碎后的颗粒饲料需要筛分成颗粒整齐、大小均匀的产品。

(三)鹌鹑饲料的包装、贮藏和运输

1. 包装 饲料标签符合 GB 10648—1999 的有关规定。饲料包装完整,无漏洞,无污染。包装材料符合 GB/T 16764 的要求。包装印刷油墨应无毒,不应向内容物渗漏。重复使用包装物应符合《饲料和饲料添加剂管理条例》的有关规定。

2. 贮藏 饲料贮存应符合 GB/T 16764 的要求。不合格和变质饲料应做无害化处理,不应存放在饲料贮存场所内。饲料贮存场地不应使用化学灭鼠药等。

3. 运输 运输工具应符合 GB/T 16764 的要求。运输作业应防止污染,保持包装的完整。不应使用运输畜禽等动物的车辆运输饲料产品。饲料运输工具和装卸场地应定期清洗和消毒。

第五章　蛋用鹌鹑的饲养管理

鹌鹑属于早熟性禽类,生长发育阶段较短,从雏鹌鹑出壳到产蛋仅需 40 天左右。根据鹌鹑生长发育特点,可以将鹌鹑的饲养周期划分为三个阶段:育雏期(0~21 日龄)、育成期(21~35 日龄)、产蛋期(35~400 日龄)。各个阶段在饲养管理上有其特殊的要求,需要进行 1~2 次转群。

一、雏鹑培育

(一)雏鹑生长发育特点

育雏期的鹌鹑生长发育迅速(表 5-1),初生蛋用鹌鹑仅重 7~8 克,到 6 周龄时即可长到 110~130 克,为初生重的 15~16 倍。雏鹑体小娇弱,对环境的适应性差,体温调节功能不健全,体温比成年鹌鹑体温低 2~3℃,1 周以后逐渐达到成鹑体温,因此育雏阶段需要提供较高的环境温度才能够正常发育。雏鹑消化器官容积小、消化能力差,要求饲料养分含量高、容易消化吸收、颗粒较小、便于采食。

表 5-1　朝鲜鹌鹑早期体重发育　(单位:克)

性　　别	个体数	10 日龄体重	17 日龄体重	24 日龄体重	31 日龄体重	38 日龄体重
公	149	28.07	50.36	74.60	97.17	109.38
母	143	28.84	52.48	78.16	101.94	117.92
平均	292	28.44	51.40	76.35	99.51	113.58

(据李明丽)

(二)育雏方式的选择

1. 笼养育雏 见图 5-1。具有育雏环境容易控制、清洁卫生、育雏量大的优点。小型育雏笼只有 1 层,便于观察。规模化饲养普遍采用叠层式多层育雏笼,3～5 层。单笼放入 150 只雏鹑。为了保证雏鹑腿部的正常发育,育雏第一周要求在笼底铺上垫布,不能用太光滑的纸或塑料布,以免雏鹑运动时因打滑而扭伤关节。垫布要经常清洗更换。

图 5-1 笼养育雏

2. 火炕育雏 见图 5-2。我国广大城镇、农村小型养鹑户,常常采用平面育雏,育雏效果也很好,但饲养数量受到限制。火炕育雏在北方地区较为普遍,具有投资小、育雏效果好等优点。每平方米炕面可以饲养 150～200 只。

3. 网床育雏 见图 5-3。是一种较为先进、合理的育雏方式,与笼养育雏比较,网床育雏便于观察,雏鹑光照条件较好,有利于采食与饮水,特别适合白羽鹌鹑的育雏。网床育雏成活率高达99%以上,是中等规模养殖户最佳的育雏方式。但要注意,雏鹑在

图 5-2　火炕育雏

图 5-3　网床育雏

网床上的生活期最多 15 天,然后要转入产蛋笼或育成笼中饲养,因其已经具备飞翔与跳跃能力,会飞到室内地面,影响正常采食饮水而饿死。

　　4. 地面垫料育雏　见图 5-4。是将鹌鹑直接养在铺设垫料的地面进行育雏,此方法满足了鹌鹑的原始习性,雏鹑活动量大,腿部发育好,但育雏规模受到限制。另外地面育雏雏鹑与粪便直接接触,要做好球虫病的预防。在北方气候干燥地区,地面垫料育雏

图 5-4　地面垫料育雏

也是一种投资较小的育雏方式。要求垫料干燥、松软,可以利用地上、地下火道供暖,注意将灶膛设置在育雏舍外,避免出现燃烧耗氧造成鹑舍氧气不足。

(三)育雏前的准备工作

1. 育雏舍的建造要求　鹌鹑育雏需要较高的温度,因此育雏舍首先要求保温性能良好,尽量减少鹑舍各部位温差,育雏舍墙壁和顶棚要加设隔热保温层。育雏舍高度 2.8～3 米,太高不利于鹑舍升温与保温。育雏舍要有配套加温设施,保证达到育雏所需要的温度。加温设施小型养殖户多用煤炉,注意要设置烟筒,将燃烧废气排出舍外,以防煤气中毒。大型养殖场最好用水暖或热风炉加热,水暖锅炉、热风炉也需要设置在室外,避免燃烧消耗舍内的氧气,造成雏鹑缺氧。育雏舍窗户要求小而少,位置靠近房舍上部,既满足通风要求,又有利于保温。为了方便通风,育雏舍最好设置专用进气口和排气口。进气口设在较高位置,一般在房檐下,进气管室外部分向下弯曲,防止堵塞。进气口内设挡板,使进入鹑舍的气流向上流动,不能直接吹到育雏笼具或平网。排气口应设置在进气口的另一端,靠近墙角处,排气口装风机,定时开动风机,进行负压通风。夏季外界气温高时,可以打开窗户自然通风。为了便于冲洗和消毒,育雏舍墙壁、地面、顶棚要求光滑,不吸水。密闭性好的鹑舍空舍熏蒸消毒效果好。

2. 育雏舍清洁消毒和设备维修　每批雏鹑转出后,首先要打扫卫生,清除舍内的灰尘、粪渣、羽毛、垫料等杂物。然后用高压水龙头或清洗机将房舍自上而下冲洗干净,特别是下水道内的污物要清理冲洗干净,用氢氧化钠溶液进行喷洒消毒。然后对育雏舍排气口、进气口、门窗、电源、风机进行维修。

育雏笼笼网上面的灰尘、粪渣、羽毛等用水和刷子冲刷干净,笼具可以用火焰消毒法消毒,可以彻底杀死球虫卵囊与病原微生物。承粪板清洗干净后要用消毒剂浸泡消毒。维修损坏或不合格的笼网。清洗料盘、饮水器及其他饲养用具,然后浸泡消毒。最后在笼内或网面放置饮水、采食设备。检查电路、通风系统和供温系统。接雏前1周对鹑舍设备进行甲醛熏蒸消毒。

3. 育雏用品的准备　育雏用品包括育雏期配合饲料、消毒药品、抗菌药物、新城疫疫苗、维生素类添加剂等。其他用品包括各种记录表格、温度计、喷雾器等。雏鹑进舍前要将所有料盘加上饲料,饮水器加足凉开水。特别注意准备垫布,最理想的是粗布,禁用报纸或塑料薄膜。由于刚孵出的雏鹑腿脚软弱无力,在光滑的铺料上行走时,易造成"八"字腿,时间一长,就不会站立而残废。垫布5～7天后即可撤除。地面平养垫料要平整,避免鹌鹑站立不稳造成受伤。火炕育雏可以直接养在泥土火炕上。

4. 育雏舍的预热　育雏舍进雏前2天开始升温,提高舍内温度,检查加温和房舍保温效果。水暖加热时,检查锅炉出水温度。热风炉加热,热风温度不能太高,以免造成鹌鹑脱水死亡。火墙、地下烟道、火炕加热要检查是否漏烟,升温用的火炉必须得安装烟筒,以免造成煤气中毒。如果发生煤气中毒,半个小时就会全军覆没。发生煤气中毒前,鹌鹑叫声特别尖,叫声一片,时间不长就没有声响了。测定各点温度,雏鹑活动区域保持 35℃左右,其他地方 25℃左右即可。

(四)育雏条件的控制

雏鹑个体小,体温低,适应性差,必须严格控制育雏条件,包括育雏温度、湿度、光照、通风、饲养密度等。

1. 温度 雏鹑体温调节功能不完善,对外界环境适应能力差,对温度非常敏感。同时,幼雏个体很小,相对体表面积较大,散热量较成鹑多。因此,温度是雏鹑饲养最重要的环境条件,一般需要较高的温度,并且随日龄增加逐渐降低。育雏期正常育雏温度,见表 5-2。温度掌握不仅仅依靠温度计,更主要的是观察雏鹑的状态,看鹑施温。同时,还应注意天气变化,冬季稍高些,夏季稍低些;阴雨天稍高些,晴天稍低些;晚上稍高些,白天稍低些。

在生产中,饲养管理人员应认真观察雏鹑的活动状态,掌握合理温度。如果雏鹑均匀分布,站立四处张望、鸣叫,四处奔跑探究,采食、饮水正常,休息时伸颈伏卧,说明温度正常,生长发育好。如果雏鹑往一起挤,羽毛湿,轻声鸣叫,有的瘫痪、排稀粪,说明温度偏低。鹌鹑张嘴呼吸,远离热源,频频饮水,说明温度偏高。

2. 湿度 正常的湿度有利于雏鹑卵黄囊的吸收、减少呼吸道疾病和霉菌病的发生。育雏第一周要有加湿的措施,如在育雏舍地面洒水、喷雾、火炉上放置水盆等。以后要防止湿度过高,需要及时清理粪便,在承粪板和垫料上撒生石灰,加强通风,避免饮水器漏水。育雏期正常湿度见表 5-2。

表 5-2　鹌鹑育雏温湿度要求

日　龄	温度(℃)	空气相对湿度(%)
1～3	39～38	70
4～7	37～33	70
8～10	32～30	65
11～15	29～27	65
16～21	26～24	60

3. 光照　合理的光照时间和光照强度是雏鹑健康生长所必需的环境条件之一。1～3 日龄要求 24 小时连续光照,让雏鹑能够很快熟悉生活环境,应尽早学会采食和饮水。4～15 日龄为 23小时光照,1 小时黑暗,便于雏鹑自由采食,迅速生长。16～21 日龄减少到每天 12～14 小时光照。室内光照一般用白炽灯,灯泡数量及功率大小可以按 10～30 瓦/米^2 计算。刚开始育雏 100 瓦灯泡,5 天以后,可以换到 60 瓦。注意中国白羽鹌鹑对光照有特殊要求。中国白羽鹌鹑为红眼睛,视力差,所以光照得强一点,尤其是前 5 天,必须 24 小时光照,不能停电,否则其看不见物体,吃不到食物就会大批饿死。所以常停电的地方在进雏鹑以前要备一台小型发电机。

4. 通风　有利于舍内有害气体的排出,提供氧气。在保证育雏室温度的前提下,空气越流通越好。育雏舍一般采用机械通风(图 5-5),通过风机抽出舍内污浊气体。通风量,每千克体重每小时 6 米^3。冬季鹑舍通风最好通过天窗的开闭来进行,通风时间应设在温暖的中午。

5. 饲养密度　合理的饲养密度是保证鹌鹑正常采食、均匀生长所必需的条件。密度过大,部分鹌鹑找不到采食饮水的位置,影响生长发育,群体生长均匀度差;密度过小,不利于保温,占地面积大,效益下降。合理的饲养密度见表 5-3。

图 5-5　山墙安装风机

表 5-3　鹌鹑的饲养密度　（只/米²）

周　龄	1	2	3	4
夏季饲养量	150	100	80	60
冬季饲养量	200	120	100	80

（五）雏鹑的选择与运输

1. 雏鹑的挑选　选择健康的雏鹑是育雏成功的基础。初生雏中常出现有少量弱雏、畸形雏和残雏，应严格挑出淘汰，禁止引入。对于种鹑来说要求标准更高，只能选择健壮的留种。健康的雏鹑标准：外观活泼好动，无畸形和伤残，反应灵敏，叫声响亮，绒毛丰满有光泽。手握绒毛松软、丰满，挣扎有力，触摸腹部大小适中、柔软有弹性。卵黄吸收良好，腹部柔软，脐部愈合良好，脐孔上有绒毛覆盖。出壳体重大，蛋用型雏鹑 7 克以上，肉用型雏鹑 8 克以上，同一品种大小均匀一致。

2. 雏鹑的运输　运雏箱常用一次性瓦楞纸箱，也有用塑料网箱,消毒后可多次使用。运雏箱四周要留有通气孔,防止长途运输时闷死。运雏时在箱底应铺上皱纹纸,防止腿部打滑受伤。雏鹑的运输工具和方式要根据季节和路程远近而定。汽车运输时间安排比较自由,可直接送达目的地,中途不必倒车,是最方便的运输方式。火车、飞机也是常用的运输方式,适合于长距离运输和夏冬季运输,安全快速。押运人员应携带雏鹑检疫证、合格证和有关的行车手续,避免中途不必要的长时间停留,快速、安全到达目的地。运输过程中应注意防寒、防热、防闷、防压、防雨淋和防震荡。

(六)雏鹑的饲养

1. 雏鹑的饮水　出壳雏鹑应在 24 小时内饮到凉开水,补充水分。雏鹑转运到育雏舍以后,先要休息 2 小时左右。然后进行饮水和喂料,应先饮水,再喂料。及时饮水有利于胎粪的排出。雏鹑饮水时要防止将羽毛弄湿。雏鹑体型小,腿部力量小,羽毛淋湿后易失去平衡摔倒而被其他雏鹑踩死或淹死在饮水器里。因此,要尽量使用小型饮水器,饮水器水深 2～3 毫米,最深处 7 毫米,不会将雏鹑淹死,也不会将其羽毛淋湿,可使其安全度过饮水关。

雏鹑 1～3 日龄需饮用凉开水,也可在凉开水中加入 3% 葡萄糖或白糖,这样可以刺激其饮水,有利于保持雏鹑的健康和活力。初次饮水,管理人员要注意观察,让每只鹌鹑都喝到水。对没有喝上水的鹌鹑,可以抓起来将喙放在饮水器内蘸一下,让其将水咽下即可学会饮水,保证每只雏鹑都在第一时间喝上水。15 日龄后,更换 1 升容量的真空饮水器,自由饮水。

2. 开食和饲喂　雏鹑饮水后 2 小时开食,将饲料撒在笼底铺好的白布上,用手指点布,诱导雏鹑学会采食。平面饲养可以用开食盘开食,火炕育雏直接将饲料撒在炕面。喂料 2 小时后要检查雏鹑嗉囊内是否有料,对于嗉囊内无料的要单独照顾,直至其学会采食。10 日龄后逐渐过渡到以料槽喂料,15 日龄以后全部采用料槽。为了防止鹌鹑将饲料钩出槽外,在槽内饲料上铺一块铁丝网,网眼大小 1 厘米² 左右。

开食料用雏鹑全价配合饲料,不宜用单一饲料,以防止造成营养缺乏。鹌鹑开食后的饲喂要定时、定量,每天喂料 4～6 次,每次加料量不宜超过料槽高度的 2/3,最好是 1/3,每次喂料前料槽应空半小时,可以刺激食欲,防止饲料浪费。蛋用雏鹑每日每只平均采食量:3 日龄 3～4 克,5 日龄 5～7 克,7 日龄 9～11 克,11 日龄 13～15 克,15 日龄 16～18 克。

(七)雏鹑的管理

1. 育雏期管理要求　经常检查育雏室内的温度、湿度及通风情况。经常检查雏鹑的采食和饮水情况,发现异常及时采取相应措施。定期抽样称重,及时调整饲养管理措施。定期统计饲料消耗及死淘率情况。

2. 7 日龄前的管理　7 日龄前雏鹑个体小,羽毛稀薄,饲喂次数多,是最难管理的阶段。这段时间育雏室要保持安静,保持稳定的工作程序,饲养人员不能更换,各项操作动作要轻。鹌鹑的疾病较少,育雏期间意外死亡比因病死亡多,如受惊相互踩死、被料槽或饮水器压死、掉入饮水器中淹死、垫草下压死、突然受惊吓压死。如果能避免这些事故,就可以大大提高雏鹑的育雏成活率。0～4 日龄雏鹑常表现出逃窜的野性,加料、喂水要当心,饲料与饮水保证供应,防止饲料被扒食溅失,防止饮水沾湿绒毛。勤于检查与调整室内温度、湿度、通风、光照。勤于观察雏鹑的动态和排粪情况,检查并调整好密度,防止啄癖发生。做好防鼠害、兽害和防煤气中毒工作。定期称测体重与检查羽毛生长情况。做好各项记录和统计报表。

3. 7 日龄后的管理　7 日龄后雏鹑发育加快,骨骼生长迅速。5 日龄开始第一次换羽,先长翼羽、尾羽,后长腹羽、头羽,15 日龄全部换成幼羽。注意料槽、料桶的均匀放置,数量充足,保证雏鹑吃饱、吃好。注意每日采食、饮水、睡眠情况,发现异常及时采取措施。整个育雏期要昼夜有人值班,定期检查温度、湿度、通风与光照情况,并且做好记录(表5-4),按时做好疫苗接种工作。

表5-4　育雏日记

日期	日龄	鹑群变化			饲料消耗		室内温度			育雏区温度			湿度			备注	值班人员
		存栏	死亡	淘汰	总量	平均	早	中	晚	早	中	晚	早	中	晚		

4. 雏鹑的断喙　鹌鹑有啄羽、啄蛋、啄肛等恶癖。鹌鹑喙部构造特殊,上喙向下弯曲呈钩状,采食时比较挑食,常常用喙将饲料钩出料槽,造成浪费。雏鹑阶段断喙可有效避免上述现象的发生。雏鹑在15~30日龄断喙均可。断喙前后2天,应在饲料中添加维生素K、维生素C、多种维生素添加剂等,以减少应激发生。

鹌鹑断喙要用断喙器,断喙长度为上喙断掉1/2、下喙断掉1/3,烙干伤口至不出血为止。断喙后1~2天料槽中不断料,以防止伤口碰到槽底流血。断喙时不要切掉太多,以免无法挽救影响采食;如果断喙太少,可进行补断。

5. 粪便的清理　笼养时,每天上午将脏的承粪板从每层笼底取出,同时换上干净的承粪板。将取出的脏承粪板集中清除粪便,冲洗干净,浸泡消毒后晾干备用。1周龄以内,每天更换干净的垫布,取出的垫布清洗消毒。火炕育雏时,每天对炕面清扫1次,然后喷雾消毒。

6. 日常管理要点 育雏的日常工作要细致、耐心,加强卫生管理。经常观察雏鹑精神状态。按时投料、换水、清扫地面及清扫粪便,保持清洁。其日常管理包括以下几点:①设有专人24小时值班,每天早晚要观察鹌鹑的动态,如精神状态是否良好,采食、饮水是否正常,发现问题,要找出原因,并立即采取措施。②承粪盘3天清扫1次,饮水器每天清洗1次。③每天日落后开灯,掌握照明时间。④经常检查育雏箱内的温度、湿度、通风是否正常。饲养人员临睡前一定要检查一次温度是否适宜。⑤观察雏鹑粪便情况,正常粪便较干燥,呈螺旋状。粪便颜色、稀稠度与饲料有关。喂鱼粉多时呈黄褐色,属正常。如发现粪便呈红色、白色应检查。⑥及时淘汰生长发育不良的弱雏。⑦发现病雏,及时隔离,死雏及时拣出。

7. 提高白羽鹌鹑育雏期成活率的措施 白羽鹌鹑是一个产蛋性能非常优秀的鹌鹑品种,而且配套系可以自别雌雄。但由于遗传原因,其视力较其他有色羽鹌鹑和黄羽鹌鹑差,不容易找到饲料和饮水位置,出现渴死、饿死现象较多,饲养管理方面要做好以下几点,就能够提高成活率。

(1)加强种鹑饲养管理 提高种蛋质量,加强孵化过程中的管理,严格控制孵化条件,并在孵化过程后期适时凉蛋,以提高健雏率。另外,养殖户进雏时应严加挑选,减少弱雏的数量。

(2)做好房舍预温 进雏前3天,育雏室要提前预温,使育雏室温度达到39℃。如采用煤炉供温,应安装烟囱,以防煤气中毒。也可采用火道、火墙或暖风提温。

(3)平网育雏 白羽鹌鹑视力差,需要改多层立体育雏为单层平网育雏,网底距地面120厘米,密度为每平方米200只,分成4组,每组50只,以免密度太大造成挤压死亡。此外为防止腿病,刚开始可在育雏笼内铺上粗棉布或麻袋布,禁用光滑的纸或塑料薄膜。

(4)饲喂与饮水　1～2 日龄可自由饮 0.01％高锰酸钾水,这主要是因为雏鹑喜红色,可增加雏鹑饮水量、防止脱水,注意饲料不能太粗,1～10 日龄以米粒大小为宜。撒料要厚薄适中,以 0.5 厘米厚为宜,太薄采食困难易吃不饱饿死,太厚又容易眯眼,造成瞎眼。7 日龄后换用雏鹑料桶饲喂。

(5)合理光照　一般 1～10 日龄采用 24 小时光照;光照强度大一些便于雏鹑采食和饮水,以 100 瓦白炽灯为宜,特别在 5 日龄前绝对不允许长时间停电。20 日龄后可换用 40 瓦白炽灯,光照时间掌握在 20 小时。

(6)做好转群　20 日龄后雏鹑便可从育雏笼转入成鹑笼。在上成鹑笼前 3 天,可将大笼用的料槽、水槽挂入育雏笼内提前适应,成鹑笼的温度要和育雏室的温度相同。成鹑笼的料槽、水槽要相应低一些,以便雏鹑采食和饮水。上笼结束后可在饮水中加一些抗应激的药物如电解多维等。

二、育成期鹌鹑的饲养管理

(一)育成期鹌鹑的生理特点

育成期鹌鹑又称仔鹑,是指 21～35 日龄(蛋用鹑)或 40 日龄(肉用种鹑)的青年鹌鹑。育成期鹌鹑饲养在专用仔鹑笼中,也可以提前转入种鹑笼中饲养。仔鹑阶段生长迅速,体重增加快,尤以骨骼、肌肉、消化系统与生殖系统发育最快。仔鹑饲养管理的主要任务是控制其标准体重和正常的性成熟期,同时要进行严格的选择及免疫工作。种用仔鹑均实行限制饲喂。公鹑性成熟早于母鹑10～14 天,但体重低于母鹑,至 40 日龄左右便有求偶与交配行为,其标志还表现在泄殖腔腺已发达并分泌泡沫状物。种用仔鹑多在 5～6 周龄进行选种,编号登记后转入种鹑舍。

(二)饲养方式

采用单层或多层笼养。每平方米笼底面积蛋鹑饲养 80 只左右,肉鹑饲养 60 只左右,夏季酌减,冬季可以适当增加。

(三)转　群

鹌鹑由雏鹑舍转到青年舍或产蛋鹑舍称为转群。一般蛋用鹌鹑 21 日龄直接转入成鹑笼饲养。新鹑舍将笼具放入用甲醛、高锰酸钾熏蒸消毒 24～48 小时,用药量每立方米福尔马林 42 毫升,高锰酸钾 21 克。旧鹑舍先用清水冲洗干净,墙壁地面用 2% 氢氧化钠喷洒消毒,笼具最好用火焰消毒,可以彻底杀死寄生虫卵及病原微生物。装好笼具后最后再用甲醛、高锰酸钾密闭熏蒸 24 小时。

转群时应做好下列工作:转入鹑舍室温和育雏室相同,避免造成低温应激扎堆压死;转群前后 1 周应在饲料或饮水中加入速补多维、电解多维等抗应激药品,同时也可适当应用抗菌药物(如预防肠道疾病),预防因转群应激引起鹑群发病;转入鹑舍应整夜开灯,以防止因应激造成挤堆;转群前 3 小时断料,2 小时断水,转入鹑舍应备好水、料,转群后料槽中 5 天内应尽量加满,料槽、饮水器挂得越低越好,便于采食,否则会大批饿死;转群后经及时清理和消毒原鹑舍,空置 1～2 周,阻断病原传播,以备下次使用。

(四)公母分群

公母分群可以提高群体均匀度,避免早配和争斗。种鹑可以通过羽色进行雌雄鉴别。鹌鹑长到 21 天后,可以根据胸部羽毛颜色、斑纹来鉴定公母。公鹑胸部开始长出红褐色(砖红色)胸羽,其上偶有黑色斑点;母鹑在淡灰褐色胸羽上密缀有大小不等的黑色斑点。

30日龄的鹌鹑基本更换为成年羽,这时公母差异更为明显。公鹑脸部、下颌、喉部开始出现赤褐色,胸部为淡红褐色,其上分布有少量小黑斑点,腹部淡黄色;母鹑脸部为黄白色,下颌与喉部为灰白色,胸部密缀有黑色斑点,其分布范围似心形,整齐美观,腹部淡白色。

成年公鹑肛门上方、尾巴下方有突出的囊腺(泄殖腔腺),排出的粪便上有白色的囊腺分泌物,呈泡沫状;母鹑无此特征。成年公鹑体型小,昂首挺胸,鸣叫声高亢洪亮,一般是三段连续的洪亮声音,第一段鸣声中等长短,接着是短促的,最后是拉长的叫声。啼鸣时往往挺胸直立,昂首引颈,前胸鼓起。母鹌鹑鸣声尖细低回,如蟋蟀声,一般表现为两段短促的声音。

(五)脱温管理

随着鹌鹑体温调节能力的完善,在气温允许的条件下要逐步脱温。天气突然变冷时继续加温。室内应注意保持空气新鲜,但要避免穿堂风,地面要保持干燥。适宜的空气相对湿度为55%~60%。初期温度保持在23~27℃,中期和后期温度可保持在20~22℃。

(六)育成期鹌鹑的饲养

1. 饲喂与饮水　仔鹑阶段采用自由采食,每天加料2~4次,根据体重发育情况适当进行限饲,更换仔鹑专用饲料,适当降低饲料中的蛋白质水平,控制喂料量,避免采食过量引起过肥、早产蛋。采用杯式自流饮水器饮水,保证饮水的清洁卫生。更换饲料时,要有5~7天的过渡期,以免发生应激反应。

2. 限制饲喂　通过控制喂料量达到控制体重的目的。一般从28日龄开始控料,降低营养浓度。这不仅可以降低成本,还可防止性成熟过早,提高产蛋期产蛋数量、质量及种蛋合格率。限制饲喂方法:控制日粮中蛋白质含量为 20%;控制喂料量,仅喂自由采食量的 80%。通过限制饲喂,蛋用型品种 40 日龄母鹑体重 130克左右,公鹑 120 克左右;肉用型品种 40 日龄母鹑体重 300 克左右,公鹑 240 克左右。不同品种开产体重略有差异。

(七)育成期光照控制

仔鹑的饲养期间需适当减光,不需育雏期那么长的光照时间,只需保持每天 10～12 小时的自然光照即可,最多不能超过 14 小时。鹌鹑 25 日龄后,鹑舍更换小瓦数灯泡,40 瓦即可。在自然光照时间较长的季节,需要用窗帘把窗户遮上,使光照保持在规定时间内。通过光照与饲料的控制,使鹌鹑群体的开产期(50%产蛋率)控制在 45 日龄以后,防止开产过早而影响全期产蛋量。在布置灯泡时,注意下层笼也要达到一定的光照强度,一高一低交替布置灯泡可以保证下层笼正常采食与饮水对光照的需要。

三、产蛋期鹌鹑的饲养管理

育成母鹑至 35 日龄,约有 2%左右已开产时应予转群,转入产蛋笼提前适应产蛋笼生活。种鹑自然交配也在笼中进行,可以达到较高的受精率。种鹑及商品产蛋鹑的饲养管理原则基本相似。而蛋用型与肉用型种鹑的饲养管理则有各自特点。转群最好在夜间进行,及时供应饮水和种鹑饲料,保持安静。在转群的同时,按种鹑要求再进行一次严格选择。

(一)鹌鹑产蛋期的生理特点

1. 产蛋率、体重增加并进 开产以后的鹌鹑标志着已经性成熟,但体重还在继续增长,直到开产后 7～14 天增重减慢。因此,鹌鹑开产到产蛋高峰期间饲料供给要充足,管理要精细,保证产蛋率的稳定上升。

2. 对环境变化反应敏感　性成熟标志着鹌鹑进入了一个新的生活阶段。初产鹌鹑精神兴奋,消化系统、生殖系统和神经系统之间协调性差,对环境变化反应敏感,容易引起难产、脱肛和啄癖等不良症状。因此,保持舍内安静、环境条件稳定是产蛋期管理的重点之一。产蛋鹌鹑对温度因素反应非常敏感,室温不可过低,当低于 15℃ 或阴天、雨天、风天时都有聚堆现象出现。鹌鹑怕风,特别怕贼风;室温也不可过高,在天气炎热室温 28～32℃ 时表现不好动,多喜卧。试验测试表明室内温度在 20～22℃ 最为适宜,鹌鹑表现较活跃,在笼中分布均匀,没有聚堆现象,在卧着时表现很舒适,其姿势以侧卧为主,眼睛常闭着,一侧腿伸直。

3. 新陈代谢旺盛　鹌鹑开产后,耗料量大,对饲料质量要求高,需要喂给高能量、高蛋白质的日粮,特别是对饲料中钙的需求量增加,以满足蛋壳形成的需要。如果饲料中钙含量不足,或者维生素 D_3 缺乏,产蛋量会下降,软壳蛋和破壳蛋增多。

4. 对光照反应敏感　产蛋期的鹌鹑对光照时间变化反应非常敏感,缩短光照时间会引起产蛋量的下降,一定要按时开灯补光,达到每天 16 小时恒定光照。35 日龄后更换为 25 瓦灯泡即可。研究发现,全日制 24 小时光照不会缩短鹌鹑的利用期,但饲料转化率会降低,采食量增加。

(二)蛋鹑生产性能指标

1. 开产日龄　蛋用鹌鹑开产日龄的计算方法有两种:个体开产日龄以产第一个蛋的平均日龄作为开产日龄,群体则按日产蛋率达 50% 的日龄作为开产日龄,生产中常用后者来估算开产日龄。蛋鹑群体开产日龄一般控制在 45 日龄左右。不同品系的鹌鹑开产日龄有一定差异,同一品系因营养、光照等条件也有所不同,朝鲜鹌鹑开产较早,黄羽鹌鹑稍晚。

2. 开产蛋重和平均蛋重 鹌鹑品系平均蛋重的测定与计算目前主要参照《国家家禽生产性能的测定方法》和全国家禽育种委员会制定的《家禽生产性能技术指标及计算方法》,关于平均蛋重的测定有两种:一是个体平均蛋重,从 10 周龄开始连续称取 3 个蛋的重量求平均值;二是群体平均蛋重,从 10 周龄开始连续称取 3 天总产蛋重除以总产蛋数。鹌鹑开产 2～3 周后蛋重变化尚不稳定,测定的蛋重作为一个品种或品系的平均蛋重尚不具有代表性。鹌鹑开产 5 周后蛋重变化较大。研究发现,鹌鹑开产第十周时每只鹌鹑连续产下的 3 枚蛋的蛋重来说明一个品种或品系的蛋重代表性较好。

蛋重对鹌鹑的孵化率影响较大,了解鹌鹑蛋增重规律,对种蛋的选择具有指导意义。金良等研究认为,禽类蛋重与初雏重之间呈正相关,蛋重越大,初生雏质量越大。易华锋等报道,朝鲜鹌鹑 120 日龄(约产蛋 10 周龄)的平均蛋重为 10.55 克。华时尚报道,91～120 日龄(产蛋 6～10 周)朝鲜鹌鹑和黄羽鹌鹑蛋重分别为 10.89 克和 11 克。

3. 产蛋量 鹌鹑产蛋量一般以群体来计算,是指一定时期内,在规定产蛋期内的产蛋数,如 300 日龄产蛋量、500 日龄产蛋量。高产品种 300 日龄产蛋量 220～230 枚,500 日龄产蛋量 360～380 枚。

4. 产蛋率 一般以群体产蛋率来计算,是指 1 天或某一时期内每天的产蛋数占全群母鹌鹑总数的百分率。鹌鹑最高产蛋率可以达到 95% 以上,产蛋期平均产蛋率 80% 以上。

5. 料蛋比 指统计期内产蛋耗料总重量与统计期内产蛋总重量的比值。蛋用鹌鹑产蛋期料蛋比一般为 2.6～2.7:1,高水平能够达到 2.5:1。

6. 产蛋期成活率 指产蛋期末存活鹑数与入产蛋舍鹑数的

百分比。健康的鹌鹑群产蛋期成活率能够达到93%以上。

7. 淘汰体重　指蛋鹑(种母鹑)产蛋期结束淘汰上市时的平均体重。蛋用鹌鹑的淘汰体重要求在150克以上,过瘦的淘汰鹌鹑利用价值低,可以短期育肥后上市。

(三)产蛋期饲养方式

产蛋鹑和种鹑采用密集型立体笼养。鹌鹑个体小,笼养可以充分利用房舍空间,提高单位面积的饲养数量。鹌鹑笼有重叠式和阶梯式2种,重叠式对房舍的利用效率更高。重叠式产蛋笼的层次一般为6层,方便手工喂料、加水、捡蛋、清粪。机械化饲养为6层阶梯笼,自动喂料、饮水、集蛋、清粪等。阶梯式产蛋笼每层净高15～21厘米,炎热地区适当增加高度。为了便于交配,种鹑笼要适当增加高度。笼的进深一般为30～35厘米,便于采食、饮水。笼长90～100厘米,便于摆放。饲养密度,商品蛋鹑80～100只/米^2,蛋种鹑60只/米^2,肉种鹑48只/米^2。

(四)产蛋鹑舍准备

1. 鹑舍冲洗　上一批产蛋鹌鹑淘汰后,要求对鹑舍进行彻底的冲洗,以利于后期消毒工作的开展。冲洗要求由上到下、由里向外、由工作间一端到污道后门一端的顺序进行冲洗。在冲洗前应彻底清扫鹑舍,将舍内粪便、羽毛、灰尘等一切杂物及舍外废弃物全面清扫干净,并装袋运出场外。对羽毛较多的地方(边网、窗网、鹑舍周边草地等)用火焰喷灯喷烧,然后再清扫。为保证工作质量和进度,由熟练工人先示范冲洗,等员工熟练操作后再监督检查。第一次冲洗结束后,将破损的水泥地面、裂开的墙缝、排风扇四周裂缝及进风口四周裂缝等用水泥修补。等水泥凝固后再进行第二次冲洗。

氢氧化钠喷洒消毒后要对鹑舍进行第二次冲洗。结束后,为防止鹑舍受到污染,立即封堵下水道出水口、门窗,防止老鼠进入。鹑舍门口摆放消毒盆,出入人员脚踏消毒盆,进入舍内物品必须严格消毒。监督检查人员对冲洗效果进行检查评判,不合格的要重新冲洗。

2. 鹑舍及设备消毒 第一次冲洗后的鹑舍干燥后,用 3％氢氧化钠喷洒鹑舍地面、墙壁(1 米以下高度的墙面)、鹑舍外水泥地面和排水沟,作用 12 小时以上。氢氧化钠具有很强的腐蚀性,溶解过程中会发热。所以操作时不能用手直接接触,不能溅到眼中及脸上、身上。鹑舍干燥后进行第二次冲洗,用碘制剂或过氧乙酸喷洒地面、墙壁和所有设备,封闭鹑舍 2 天。最后用高锰酸钾和甲醛熏蒸消毒。每立方米舍内空间用 42 毫升福尔马林、21 克高锰酸钾,加入和甲醛等量的水、反应充分。反应器皿要比加入的药量大 8～10 倍,以免沸腾溢出。反应器皿放置要远离垫料等易燃可燃物,小心防火。检查房舍不漏气,先加高锰酸钾和水、后加甲醛。加入后人员要迅速撤离;将消毒环境的温度控制在 20～25℃,空气相对湿度控制在 65％以上,密闭 48 小时以上。

3. 附属设施的清洗 场区内的所有附属设施,如洗衣房、室、厕所、种蛋库、饲料库、垫料库、锅炉房、自行车棚、进场物品熏料间、熏蒸箱等,都要彻底冲洗干净,同时,还应将各个地方的地漏、沉淀池等清理干净并消毒处理。

(五)产蛋期的饲喂

1. 饲料更换 鹌鹑开产前 1 周更换为成鹑产蛋期饲料,为产蛋提前贮备能量和钙质。更换饲料还要根据鹑群的平均体重和均匀度而定,不能只看日龄。如果鹑群已达到开产日龄,均匀度好,但平均体重偏小,应推迟更换饲料。如果鹑群已达到开产日龄和开产体重,但均匀度差,应该分群饲养:将体重符合开产体重的个体放在一起,正常换料;将体重低于开产体重的个体放在一起,推迟换料时间。这样可以保证鹌鹑蛋的高产。具体做法是：38 日龄后将饲料更换为产蛋期饲料。当产蛋率上升到 50％时，饲料更换为产蛋高峰期饲料。产蛋后期仍然要用高峰期饲料，一直到淘汰。要保持饲料与饮水的正常供应，并据产蛋率、气温调整饲粮。防止子宫外翻，注意控制体重与膘度。

生产中，要保持饲料成分的相对稳定，饲料原料多样化，营养互补；更换饲料要有过渡期，突然更换饲料易引起鹌鹑的应激反应，有时甚至会造成死亡。选择全价饲料时，不能只看重饲料价格而忽视质量，忽视了鹌鹑的采食量和料蛋比。减低饲料成本的途径应当是减少饲料浪费，单位饲料成本才是衡量饲料价值的有效标准。

2. 加料、加水　每天早上进入鹑舍首先开灯，打开风机，然后在 30 分钟内加料。加料完毕洗涤水杯。中午上班后要检察鹑群的采食和饮水状况，检查采食量和饮水量与往常相比有无异常。吃完料的地方及时补料，料多的地方向料少的地方匀料。如果饲料全部采食干净，停料 20～30 分钟加下一次料，加料的同时检查饮水器。产蛋期自由采食，每天加料 2～3 次，每次加料不能过多，不能超过料槽的 1/3。更换产蛋期饲料要有 3～5 天的过渡期，不能突然一次换料。供水一般用杯式自流饮水器，经常检查供水情况，供水不能中断，经常清洗水杯。

注意，有一些养殖户饲料添加次数过勤，造成鹌鹑营养摄入不均衡。原因是饲料粉末中含有较多的氨基酸、维生素和微量元素等营养物质，而鹌鹑有喜食大颗粒饲料的习性，如果添料过勤，则鹌鹑采食不均而营养失衡，影响生长发育和生产。

3. 初产期体重达标　鹌鹑生产中，要求雏鹌鹑 5 周龄必须达到相应的体重标准，并且发育均匀整齐。育雏期担心浪费而给料量太少；盲目增加饲养密度，致使料位和水位不足都会造成鹌鹑体重不达标。初产期既要产蛋，又要增重，因此，在饲料营养的供给上必须满足初产鹌鹑的基础代谢、体重增长和产蛋几个方面的需求，要求 90％产蛋率时达到 155 克以上的体重。

（六）环境条件控制

1. 温度　鹌鹑与鸡相比，体型小，但体表相对散热面积大（10 只成鹑的体重相当于 1 只鸡，但它们的皮肤总面积比鸡大 1 倍），从而决定了鹌鹑耐高温、怕寒冷的习性。当舍温低于 20℃时，产蛋率会下降 10％；低于 10℃时会下降 60％，甚至停产，并且抗病力明显降低，死亡率增加。短时（3～5 小时）舍温达到 35℃，对产蛋率影响不大。产蛋鹌鹑舍最佳的温度是 22～25℃，允许范围为 17～30℃，可以维持高产。当舍温超过 30℃时，要加大通风量，喷洒凉水，增加气流速度，以增加鹌鹑对饲料的摄入量，增加蛋重，降低死亡率。温度过低、过高都会引起产蛋率的下降，种蛋受精率下降，饲料转化率降低。

2. 湿度　产蛋鹌鹑对湿度的适应性较强，50％～70％空气相对湿度适合产蛋率的发挥。北方鹑舍湿度不够可以通过带鹑消毒来增加舍内湿度，南方梅雨季节可以加大通风量，及时清理粪便来有效降低舍内湿度。

3. 通风　冬季应在保证舍温的前提下进行适度通风，生产中有许多养殖户冬季为了保温，封闭窗口，造成鹑舍中二氧化碳和氨气严重超标，不仅产蛋率降低，也极易造成传染病流行。在舍温低时可生炉火来提高舍温，然后再进行通风。通风最好选择晴朗无风的中午进行。生产中发现雾霾天会使鹌鹑产蛋率下降 15％～20％，可见空气质量对鹌鹑产蛋有显著影响。

4. 光照管理　产蛋期的光照强度为 10～15 勒（3～6 瓦/米^2），用普通灯泡、日光灯、节能灯等均可。从 35 日龄延长光照时间。光照时间在原来自然光照的基础上，每周增加 1 小时，直至增加到 16 小时，稳定不变（表5-5）。产蛋期光照时间应相对稳定，光照时间的减少或突然断电都会引起产蛋率下降。每天早上5时开灯,自然光(阳光)达到光照要求时关灯。下午舍内光线变弱时开灯,到晚上9时关灯。现代蛋鹑生产中产蛋期光照制度也有采用白天自然光照,晚上留一点弱光,保证采食、饮水需求。人工补充光照强度为20勒,每10米²地面用一盏40瓦的白炽灯,离地高度1.7米。

表5-5 种鹑产蛋期光照要求

日 龄	光照时间(小时)
36~40	13
41~45	14
46~50	15
51~60	15.5
61 至淘汰	16~17

补充光照的时间不要全部集中在晚上,因鹌鹑一般在光照开始后8~10小时产蛋,若集中在晚上补充光照,产蛋时间推到晚上,破坏了鹌鹑集中在下午产蛋的规律,造成生殖系统的紊乱。注意鹑舍中灯光要分散,笼架上下层光照均匀。

产蛋鹌鹑喜欢柔和的光线。过强的灯光或自然光会使鹌鹑严重脱毛、早衰及降低蛋重。突然将光照时间降至每天8小时,鹌鹑也会脱毛,产蛋率会降低50%以上。

5. 保持安静 鹌鹑胆子小怕惊吓,所以要求安静的饲养场所。鹌鹑对噪声的承受能力比鸡大得多,一般机动车的噪声不会引起鹌鹑惊群,但特别大的、清脆的声音(如爆竹声)易使鹌鹑惊群甚至撞笼而死,造成产蛋率下降。产蛋鹑舍应尽量减少外界干扰,尤其是下午产蛋时,饲养员要减少在笼边的活动时间,避免发生应激而影响到产蛋率。清扫、拣蛋等操作要等到下午5点半以后再做。

(七)日常管理

1. 收蛋　鹌鹑产蛋集中在中午到傍晚(12:00～20:00),其中下午3～4时最为集中。产蛋期间的鹌鹑停止采食,容易受到应激影响。下午饲养人员要尽量减少进出鹑舍次数,因此可以在每天清晨收集商品鹌蛋,冬春季节也可以2～3天收蛋一次。收集后的鹌蛋装筐后贮存在空气新鲜、流通、蚊蝇和老鼠无法侵入的贮蛋间内。饲养量较大的地方可设立专门蛋库,保持温度10～25℃,空气相对湿度70%左右,蛋库要密封、清洁、整齐。

2. 观察鹑群　清晨要观察鹌鹑的采食和饮水行为,如果鹌鹑争先恐后采食,说明鹑群健康。早晨还要观察粪便形态,健康鹑粪便成形,颜色正常,公鹑粪便上有白色泡沫。如果粪便稀,呈黄绿色,说明鹑群患病,应请兽医进一步诊断。饲养员要在夜间关灯后20～30分钟进入鹑舍,仔细听鹌鹑呼吸是否正常。发现异常声音,说明有病鹑。应挑出病鹑诊断观察,确定是传染病还是普通病,及时采取相应措施。如果是传染病,应立即确诊和治疗;如果是普通病,应淘汰病鹑。

3. 淘汰低产鹑　70日龄时,要尽早淘汰还没有开产的鹌鹑,这些一般都是低产鹌鹑。未开产鹌鹑表现:羽毛丰满有光泽,体重大,腹部容积小,胸骨末端到耻骨间隙小,肛门圆、紧闭、干燥,耻骨间隙小。商品鹌鹑舍如发现有公鹑叫声,属于雌雄鉴别错误的公鹑,应及时找到并淘汰,防止造成不必要的饲料消耗。

做好产蛋后期的淘汰。到300～350日龄,鹌鹑经过8～10个月的产蛋后,群体产蛋率逐渐下降,这时要识别、淘汰已停产或低产的鹌鹑,降低饲养成本,提高产蛋率。停产或低产鹌鹑表现:眼睛无神,反应不灵敏,羽毛残缺不全,肛门圆、紧闭、干燥,腹部容积小、无弹性,胸骨末端到耻骨间距小于两指宽(3.5厘米),耻骨间隙小于一指宽(1.8厘米),耻骨末端变硬。

4. 防止产蛋鹌鹑脱肛　产蛋鹌鹑在产蛋初期2周内,如产蛋过大、过多,或体躯过肥、过瘦,或因某种外界刺激,均会诱发脱肛症,从而会被其他鹌鹑啄食而死。为此,在产蛋初期宜喂些低蛋白质的饲粮,防止或减少外界应激;发现脱肛鹌鹑应及时取出,以防诱发啄癖。对无治疗价值的病鹌鹑,应予淘汰。

5. 粪便清理　蛋鹑舍和种鹑舍的清粪方式有两种:一种是重叠式鹌鹑笼应该每周抽出粪盘两次清粪,这样粪便不至于沉积过多而清理困难,也有利于鹑舍内空气新鲜。另一种方式是阶梯式鹌鹑笼养方式,这样的鹑舍可以半个月清理1次,也可以每天用刮粪板机械清粪的方法清理1次。清粪的同时配合通风,是保证鹑舍内空气清新的有效措施。清粪时还应观察鹑粪的状态、颜色,以便了解鹌鹑群体是否健康,有无疾病的发生,便于及时采取预防和保健措施。

6. 生产记录的填写　生产记录表是管理鹑群、鹑场的基本数据,应实事求是地填写。填写当天工作内容,记录当日存栏数、死亡数、产蛋量、喂料量、温度等,统计存活率、死亡率、产蛋率等(表5-6)。

表5-6　鹌鹑产蛋期日报表

日期	日龄	鹑群变化			产蛋情况				饲料消耗			温度	湿度	备注	值班人员
		存栏	死亡	淘汰	产蛋数	产蛋率	产蛋重	合格蛋数	总耗料	只平均	料蛋比				

7. 强制换羽 如利用第二个产蛋周期,需实行人工强制换羽。一般自然换羽时间长,换羽慢,产蛋少且不集中。强制换羽实施方法:停料 4~7 天,同时保持鹑舍黑暗,迫使产蛋鹑迅速停产,接着脱落羽毛,然后逐步加料使之迅速恢复产蛋。从停饲到恢复开产仅需 20 天。饮水不可中断。必须淘汰病、弱个体。

(八)影响鹌鹑产蛋率的因素

1. 品种原因 品种是遗传因素,遗传基础不同的品种,产蛋量差异明显。例如蛋用型品种的产蛋量明显高于肉用型品种,家鹑产蛋量明显高于野鹑。目前我国饲养的产蛋性能较高的蛋用品种有朝鲜鹌鹑、中国黄羽鹌鹑、中国白羽鹌鹑等品种,引种时一定要到正规场。

2. 年龄因素 蛋鹌鹑一般 38~40 日龄开始产蛋,45 日龄产蛋率可达 50%,65~70 日龄便可达产蛋高峰,且产蛋持久性很强,12 月龄前,产蛋率可一直保持在 80% 以上。12 月龄后,鹌鹑产蛋率虽然也可保持在 80% 左右,但死淘率和料蛋比不断增加,蛋壳硬度差,鹌鹑蛋破损率高,严重影响了饲养期间的经济效益。所以一般蛋鹌鹑饲养期不超过 12 个月。

3. 饲料原因 合理的饲料是鹌鹑高产稳产的物质基础。对于鹌鹑来说,产蛋率高,蛋的营养价值高,必然对饲料的营养水平要求也高。饲料中蛋白质含量过低,氨基酸不平衡,能量水平不够,维生素缺乏,饲料原料品质差(发霉变质,生虫)等均会造成产蛋量下降或无产蛋高峰。每千克饲料的代谢能要达到 11.7 兆焦,粗蛋白质 20%~22%,不仅要采用好的饲料配方,还要特别注意各种原料的质量。即使同一饲料配方,不同质量原料也可使鹌鹑产蛋率的差距在 10%~40%。需要提醒的是饲料中蛋白质的含量并不是越高越好,当饲料中蛋白质含量达到 28% 时,饲喂 1 周后,蛋鹑便会发生痛风病,从而造成停产。另外,饲料搅拌不匀,也常会引起食盐或微量元素中毒,引起产蛋率下降。

过于限制鹌鹑的采食量或突然更换饲料都会对鹌鹑产蛋率产生很大影响,一般高峰期一只鹌鹑的日粮总量是 25～28 克(因季节不同略有不同)。要在不定量的饲喂过程当中掌握鹌鹑的准确采食量后,再定量饲喂。切勿随意定量饲喂。

4. 饮水原因　饲料中多种营养物质的溶解与吸收都离不开水。鹌鹑的饮水量一般是采食量的 2 倍,每天需要 50～55 克。蛋鹌鹑停水 24 小时(夏季会引起中暑),产蛋率可下降 40%,正常供水 2 周才能恢复;若停水 40 小时,鹌鹑便会停产,甚至渴死,正常供水 1 个月产蛋率才能恢复。鹌鹑的饮水必须清洁、卫生、无污染,并且 24 小时保持充足的饮水。使用自动饮水器的鹌鹑舍必须经常检查饮水器是否堵塞。

5. 育雏期均匀度　均匀度好的鹑群,进入产蛋期后产蛋率上升快,很短的时间就达到 80% 以上,产蛋高峰期峰值高且持续时间长,全年产蛋率高。如果均匀度差,鹌鹑进入产蛋期后,体重大的个体产蛋高,体重适中的产蛋量低,体重小的尚未开产,因此群体产蛋率低。均匀度差的鹑群产蛋高峰不明显,没有突出的峰值,产蛋高峰期持续时间短。

6. 开产体重　开产体重过小,开产日龄推迟,全年产蛋量低;开产体重过大,开产日龄早,但产蛋率低,全年产蛋率低,饲料报酬低。因此,控制适宜的开产体重是产蛋鹑和种鹑取得较高经济效益的基础。

7. 疾病影响　多种疾病如新城疫、禽流感、白痢、大肠杆菌病等都会对鹌鹑产蛋率造成不同程度的影响。其中以白痢、大肠杆菌病对产蛋率的影响最大。鹌鹑感染白痢后,病程可达几个月,在衰竭死亡之前,除可进行垂直传染外,还会发生水平传染,使整笼或某一层群体发病,使产蛋率下降 20% 以上,且蛋壳品质严重下降。根除白痢的最好方法是种鹑全群进行全血平板凝集实验,将阳性种鹑全部淘汰,从而杜绝垂直传染。

　　大肠杆菌病是目前养禽业中最令人头疼的一种疾病。鹌鹑养殖也不例外。大肠杆菌病虽不像新城疫、禽流感那样会使鹌鹑全军覆没,但其反复的发作却给鹌鹑养殖带来巨大的经济损失。该病发生后,严重者可使鹌鹑产蛋率下降20%~30%,白壳蛋、沙皮蛋、褐壳蛋明显增加,鹑蛋品质严重下降。在整个鹌鹑饲养过程中,大肠杆菌病带来的经济损失可占综合损失的50%以上。对该病主要以预防为主,可根据鹌鹑蛋壳颜色与硬度的变化饲喂一些广谱抗菌药,同时注意饲料、饮水及环境的卫生。只有建立严格的防疫制度,才能使鹌鹑高产稳产获得保证。

　　8. 换羽停产　　换羽分为年龄性换羽、季节性换羽和异常换羽。年龄性换羽是鹌鹑出壳后随着日龄的增加,羽毛由出壳时的绒毛逐渐更换成成年羽,这种换羽不影响产蛋量。季节性换羽是鹌鹑在秋冬季因温度、光照和营养等因素引起的换羽,这种换羽影响产蛋量。现代养鹑生产中采用人工创造小气候环境,可以避免这种现象的发生。异常换羽是因为饲养管理不善引起的不正常换羽,这种换羽影响产蛋量。引起异常换羽的因素有断料、断水、断电和饲料中缺乏维生素、蛋白质和含硫氨基酸。

　　9. 药物影响　　禁止使用可导致产蛋下降的药物,包括磺胺类药物、呋喃类药物、四环素类、抗球虫药等。

　　10. 疫苗接种　　防疫时严格按照正常的免疫程序对蛋鹑进行免疫,可有效防止蛋鹑发病和死亡,其目的是争取不用药或少用药。在产蛋期则更要慎用疫苗,主要指新城疫、传染性支气管炎等,产蛋鹑除发生疫情紧急接种外,一般不宜接种这些疫苗,以防应激等因素引起产蛋量下降和软壳蛋。

　　11. 应激因素　　产蛋母鹌鹑对各种应激极其敏感,而且反应强烈,会直接影响到一个阶段的产蛋率和蛋的破损率,甚至会因为受惊而造成休克,乃至伤亡。因此,要求保持鹌鹑舍环境绝对安静,尽量不在产蛋期间进行搬迁,饲养人员衣着颜色要固定。

12. 环境条件 鹌鹑适宜产蛋温度是 20～25℃,一般最上层笼在 30℃左右,最下层 23～25℃,饲料转化率适宜。温度过高,大群张嘴呼吸,饮水超标,粪便稀,影响环境空气质量。15℃以下鹌鹑产蛋率下降很快,温度过低,大群精神兴奋或压堆,易造成死亡或疯狂采食,饲料转化率下降。因此要做好鹑舍的保温设计,尤其是屋顶的保温,鹑舍 80% 的热量是从屋顶散失的。房间顶棚上覆盖塑料薄膜,可以保证温度不低于 20℃。鹑舍光线不必太强,不影响采食即可,每 2 个相对的笼子前面挂 1 个 7 瓦节能灯(黄色),阴天注意开灯。鹌鹑喜欢干燥的环境,注意鹑舍通风。

13. 其他因素 鹌鹑的产蛋率与风的强弱关系很大。开放式鹑舍,突然而至的 5～6 级风可使产蛋率下降 10%～20%。春秋季节,天气骤变,突然降温,可使鹌鹑产蛋率下降 10% 以上。夏秋季长时间的阴雨天气,可造成光照不足,温差变化大,使鹌鹑抗病力下降,也可引起大肠杆菌暴发,从而影响产蛋率。老鼠是鹌鹑养殖中的天敌,其不仅偷吃饲料、传播疾病,还偷吃鹑蛋咬死鹌鹑。1只成年老鼠一夜可咬死成鹑 10 余只,拖走鹑蛋十几甚至上百枚。1 只老鼠对鹑场造成的损失 1 年可达 100 元以上。因此要做好灭鼠工作。

(九)夏季维持鹌鹑高产措施

1. 做好降温工作 ①绿化降温。在鹑舍朝阳面搭设凉棚,种植藤本植物遮阳。②喷水降温。中午向舍内喷 2 次水,可使气温降低 5℃。③安装湿帘,夏季打开湿帘风机,可降低舍温 5～7℃。④通风降温。鹑舍要打开门窗,安置排风扇、换气扇等设备,加强通风。

2. 使用高浓度日粮 夏季鹌鹑日粮中的粗蛋白质要不低于 22%。为保证其采食量,应在每天早上和傍晚气温凉爽、鹑群活跃时喂食。

3. 补充维生素及药物 ①添喂维生素C。维生素C可提高产蛋率、受精率,而且能参与蛋壳中钙的形成。维生素C在饲料中的添加量为每吨100克。②添喂维生素 D_3。每50千克饲料中补给5万～10万国际单位维生素 D_3。③添喂小苏打。每只蛋鹑每天喂小苏打0.1克,一次性投喂在中午的饲料中,可使其产蛋率提高11％以上。④添喂柠檬酸。在蛋鹑日粮中添喂0.05％～0.15％柠檬酸,可使其产蛋率显著提高,还可增加蛋重。⑤添喂酵母。在蛋鹑日粮中添加2％～3％酵母,可使其产蛋率提高10％～20％,同时又能降低饲料成本。

4. 科学补钙 傍晚产蛋后可单独给蛋鹑提供可溶性粉粒如石粉粒、牡蛎粒等,以使补充的钙能在蛋壳形成过程中被直接利用,进而改善蛋壳质量,一般补充含钙粉粒量为日粮的1％～1.5％。

5. 早晚补充光照 夏季是鹌鹑的产蛋高峰期,对光照很敏感,蛋鹑的日光照时间延长为18小时,可选在早晨4时开灯、晚上10时关灯,光照强度以满足蛋鹑正常采食为宜。

6. 减少应激 鹌鹑胆小,受惊后产蛋率会下降或产软壳蛋。在日常饲喂、捡蛋、清粪、加水时动作要轻,不要轻易更换饲养人员。防止饲料突变,要有固定工作程序,严禁动作粗暴,避免噪声干扰,杜绝外来人员参观。

(十)冬季蛋鹑稳产措施

入冬以后,气温渐低,日照渐短,大部分鹌鹑产蛋量下降,甚至停产。要使鹌鹑冬季持续平稳产蛋,饲养上必须采取以下措施:

1. 保温增温 鹌鹑喜暖怕冷,鹌鹑产蛋期的适宜温度20～25℃之间,能够保持食欲旺盛,产蛋多,种蛋受精率也高;低于15℃产蛋率明显下降,因此,冬季保持适宜的环境温度是提高鹌鹑产蛋率的一个重要环节。在入冬前就要做好防寒准备,修缮门窗和屋顶,防止贼风入舍。有条件的养殖户,也可购置暖风炉或小电炉(500～800瓦)加热,一般晚间开动数小时即可。在严冬或早春应采取保温增温措施,夜间关闭门窗,北侧窗户加装棉窗帘。适当加大笼养密度,每平方米可饲养80～100只。采用立体多层饲养。冬季笼底与笼顶温度相差5～7℃,可将底部成鹑移至上部各层;或添加部分笼具解决。

2. 增加光照　产蛋鹌鹑每天需要16～18小时光照时间。冬天需人工补充光照。每30～40米² 鹑舍配1只40瓦电灯,每天天亮前2小时开灯,天黑后2小时关灯,保持稳定的光照度和时间。应注意的问题是补充光照一定要使光照时间保持稳定,不能忽增忽减,更不能突然停掉。此外,还应注意擦拭灯泡,以防灯泡变脏后光照强度减弱,应尽量做到光线均匀一致。

3. 增加饲喂次数　适当调整饲料配方。冬季气温较低,鹌鹑必须从饲料中采食足够的营养以抵御寒冷,才能保证自身正常的代谢活动,维持较高的产蛋性能。可以采取增加饲喂次数的方法,干喂和湿喂均可,采用自由采食或定时定量的饲喂方式均可,只要营养成分全面、平衡就可以,但饮水不能中断,最好饮用温水。在冬季,鹌鹑的能量消耗增加,应适当调整日粮配方,增加能量饲料的比例,降低蛋白质饲料用量。建议在饲料中添加1%～1.5%的油脂,并增加维生素A、B族维生素和维生素D,以增强鹌鹑的耐寒能力和抗病力。

4. 饮水管理　冬季气候干燥,空气湿度偏低,因此应注意产蛋鹑对水分的需求,饮水器配置的数量应充足,自动饮水器随时检查是否出水。要保证水源清洁卫生,不断水。人工加水的饮水器注意每天换水。寒冷的冬季,适当饮用温水可以提高鹌鹑的御寒能力,提高产蛋率。

5. 减少应激　产蛋鹑对各种应激极其敏感,而且反应强烈,受惊后产蛋率下降和产软壳蛋,所以要求保持鹑舍环境绝对安静,日常加水、加料、捡蛋等工作时,动作要轻,避免使蛋鹑受到刺激,饲养人员衣着颜色固定,不要轻易更换饲养人员。外来人员不得进入舍内,防止猫、犬等动物骚扰,尽量减少或避免各种应激因素的影响,保持环境相对稳定。在饲料中添加维生素 C,同时用电解多维饮水,能预防及减轻不良应激的影响。

6. 适当通气 冬季多采取保温密集饲养,饲养室内氨气浓度较高,要注意适当通气。可在下午 2 时左右将上部薄膜卷起部分,或略开门窗,但必须注意防止冷空气直接吹到产蛋鹑的笼架上。

7. 及时防病 冬季鹌鹑笼养一般比较密集,容易暴发疾病,因此一旦发病,应及时隔离治疗。防治白痢可用土霉素拌料,连续喂 5～7 天。与夏季管理一样,日常继续保持笼舍、饮食具清洁卫生。

四、种鹌鹑的特殊管理

(一)种鹑生产性能指标

1. 种蛋受精率 指受精蛋数与入孵种蛋数的百分比。血圈蛋、血线蛋应按受精蛋计算,一般应达到 90％以上。种蛋受精率与种鹑营养有关,特别是维生素 E、维生素 A 的补充。另外要保证合适的公母比例。

2. 受精蛋孵化率 指出雏总数与受精蛋数的百分比。要求达到 90％以上,高水平可以达到 95％以上。

3. 入孵蛋孵化率 指出雏总数与入孵种蛋数的百分比。一般水平在 80％以上,高水平在 85％以上。

4. 健雏率 指健雏数与出雏总数的百分比。健雏指适时出壳、绒羽正常、脐部愈合良好、精神活泼、无畸形的雏鹑。健康鹌鹑群体,种蛋孵化后的健雏率在 95％以上。

5. 种蛋合格率　指种母鹑在一定的产蛋期内,所产符合本品种、品系要求,蛋重适宜,蛋壳品质优良的合格种蛋占产蛋总数的百分比。一般应达到 95％以上。

6. 种蛋均耗料　指产蛋期内总耗料量(克)与产蛋期内合格种蛋数的比值。种蛋均耗料一般在 29～30：1。

7. 种母鹑提供雏鹑数　指规定产蛋期内,每只种母鹑提供的雏鹑数。蛋用种鹑 8～10 个月种用期可以提供母雏 80～100 只,肉用种鹑 6～8 个月可以提供鹑苗 110～130 只。

(二)种鹌鹑的选择

1. 基本要求　留种鹌鹑来源要清楚,无白痢感染,头小而圆,嘴短,颈细而长。两眼大小适中、有神,羽毛丰满有光泽,羽毛颜色符合品种要求,姿态优美,性情温驯,手握时野性不强,体质健壮,无畸形,肌肉丰满,皮薄腹软。

2. 母鹑要求　羽毛完整,色彩明显,头小而俊俏,眼睛明亮,颈部细长,体态匀称。体格健壮,活泼好动,食量较大,无疾病。产蛋力强,年产蛋率蛋用鹑应达 80％以上,肉用鹑的也应在 75％以上。月产蛋量 24 枚以上。体重达到该品种标准。体格大。蛋用型成熟母鹑体重 140～160 克为宜,肉种鹑则体重越大越好。腹部容积大,耻骨间有两指宽,耻骨顶端与胸骨顶端有三指宽,产蛋力则高。注意此法仅对母鹑第一产蛋年可行,母鹑年龄越大,腹部容积也越大,但其产蛋量却越小。选择产蛋力时,一般不等到 1 年产蛋之后再行选择,可以统计开产后 3 个月的平均产蛋率和日产蛋量,符合上述要求即可选择。

3. 公鹑要求　公鹑品质的好坏对后代的影响很大。要求公鹑羽毛覆盖完整而紧密,颜色深而有光泽。体质健壮,头大,喙色深而有光泽,吻合良好,趾爪伸展正常,爪尖锐,以免交配时滑下,影响交配,降低受精率。眼大有神,叫声高亢响亮,声长而连续。体重符合标准,在 115～130 克。泄殖腔腺发达,交配力强。选择时主要观察肛门,应呈深红色,隆起,手按则出现白色泡沫,此时已发情,一般公鹑到 50 日龄会出现这种现象。

4. 种公鹑的选择技术 因为公鹌鹑发育不良的个体较多,因此种公鹑的挑选远比种母鹑重要。在 15 日龄时将公母分群后,在公鹑中要选择生长发育速度快,胫部直立,站立有力;背部平整,不凹下也不凸起;胸部直,不能弯曲;眼睛反应灵敏、明亮有神;45～49 日龄开产以后,要选择公鹑胸部的羽毛颜色较浅而发红,黑色斑点较大而稀的个体;还应该选择叫声高昂清脆,肛门上方腺囊大而突起,用手挤压时能排出白色泡沫样分泌物,叫声清脆高昂个体。

5. 种鹑公母比例和选配技术 种鹌鹑的适宜公母比例在 1：2～5 的范围内受精率可以保持在 85％以上。蛋用种鹑生产中最常用的公母比例为 1：3。鹌鹑的选配技术有同质选配和异质选配 2 种。相同类型或相同遗传基础的个体交配为同质选配,不同类型或遗传基础不同的个体交配为异质选配。同质选配经常用于纯系或纯种繁育,如栗羽鹌鹑的公鹑和栗羽鹌鹑的母鹑交配生产的后代公母全部为栗羽鹌鹑。异质选配经常用于杂交育种或杂交制种,如白羽鹌鹑的公鹑和栗羽鹌鹑的母鹑交配生产的后代 1 日龄羽毛颜色为黄色的是母鹑,而羽毛颜色为栗羽的为公鹑,雏鹑出壳 1 日龄就可区分雌雄。这种方式广泛应用于蛋鹑生产中。

(三)种用鹌鹑饲料营养要求

1. 营养需要特点 种鹑主要是维生素、微量元素与商品蛋鹑有差别(表 5-7)。种鹑日粮中如果缺乏维生素 A、维生素 E 等会影响受精率。锰是氧化过程的活化剂,适量锰不仅对鹌鹑产蛋有良好作用,也可以提高蛋的受精率与孵化率。另外种鹑在生长期要提供合理的蛋白质和能量,蛋白质会影响公鹑的发育与精子的形成,低蛋白质日粮会影响公鹑的性成熟期,使体重达不到要求。能量也是影响公鹑生殖力的重要因素,主要是通过影响体重而影响繁殖力。

表 5-7　商品蛋鹑和蛋种鹑营养需要差异

营养素	商品蛋鹑	种　鹑
维生素 A(国际单位/千克)	5000	10000
维生素 E(毫克/千克)	12	25～30
维生素 D_3(毫克/千克)	1500	2500
维生素 B_1(毫克/千克)	2	4
维生素 B_2(毫克/千克)	4	8
维生素 B_6(毫克/千克)	3	4
维生素 B_{12}(微克/千克)	3	5
泛酸(毫克/千克)	15	25
叶酸(毫克/千克)	1	2
生物素(毫克/千克)	0.3	0.6
锰(毫克/千克)	60	120
锌(毫克/千克)	60	70
铁(毫克/千克)	60	80
碘(毫克/千克)	0.3	0.8

2. 选用优质的饲料原料　种鹑对各种霉菌毒素比较敏感,为了提高种蛋的受精率和孵化率,禁止使用霉变的饲料。棉籽粕、菜籽粕中含有有毒成分,种鹑饲料最好不要使用。种鹑饲料中添加适量优质鱼粉可以明显提高种蛋受精率与孵化率。

3. 保持合适的蛋重　蛋重过大、过小都不适合作种蛋。蛋重大小受鹑群开产体重、产蛋周龄、饲料营养水平、采食量的影响。

因此要做好性成熟的控制,避免开产过早,蛋重过小;中后期通过降低饲料蛋白质、能量、亚油酸水平,避免蛋重过大。

(四)鹌鹑种蛋的收集

产蛋鹑每天产蛋的时间主要集中于午后至晚 8 时前。种鹑每天收蛋 2~4 次,下午 4 时、6 时、晚 9 时各 1 次,将软壳蛋、畸形蛋、蛋壳变白的蛋分类放置和记录,以便检查鹑群是否正常。

第六章　肉用鹌鹑的饲养管理

一、肉用种鹌鹑的饲养周期

1. 雏鹑期　鹌鹑从出雏到 21 日龄为雏鹑。雏鹑期适应性差，对环境温度要求很高。育雏笼 3～4 层，规格一般为 100 厘米×70 厘米×40 厘米，底网为 10 毫米×10 毫米金属镀锌网板，网底设承粪盘。

2. 仔鹑期　鹌鹑从 21～42 日龄为仔鹑期。仔鹑期饲养在育雏笼中，也可以提前转入产蛋种鹑笼。仔鹑期鹌鹑的适应能力大大增强，觅食能力提高，抗病力增强。

3. 产蛋种鹑　肉用种鹑 49 日龄转群后进入产蛋期则为种鹑。产蛋种鹑必须上笼饲养，自然交配在笼中进行，可以达到较高的受精率。种鹑笼专供产蛋种鹑使用，根据品种、配比、用途制订规格。要求适度宽敞，确保正常配种、采食、饮水和减少破蛋率。

二、肉用种鹌鹑后备期的饲养管理

(一)雏鹑的饲养管理

1. 饲养方式　雏鹑期采用单层平养或多层笼育雏，根据饲养数量来定。一般饲养数量少，可以采用单层笼平养或火炕育雏；数量多，必须多层笼养，以提高饲养密度和房舍的利用率。

2. 进雏　进雏前应提前 1～2 天点火升温，检查加温效果，测量鹑舍温度、湿度和育雏器内温度。雏鹑运至目的地后应尽快分散至育雏器内,尽快进行初饮。初次饮水最好供应 5% 葡萄糖水,并且加入维生素制剂等。初饮后 2 小时左右开食。肉种鹑育雏期内温度、湿度及光照时间要求同蛋鹑(见前述)。

3. 喂料次数 肉种鹑育雏期自由采食,保证生长发育要求。但喂料要定时定量,少吃多餐,防止饲料浪费。方法为第一天喂料 10 次,第二至第五天每天 6～8 次,以后每天 4～6 次。

4. 饮水要求 育雏期注意饮水器的设置,防止雏鹑掉入深水中弄湿羽毛或淹死。育雏前 10 天,使用自制小型饮水器,饮水器每天清洗 1～2 次,消毒 1 次;10 天后改用真空饮水器或杯式自流饮水器。

5. 饲养密度 合理的密度可保证均匀采食和减少啄斗。育雏阶段肉种鹑每平方米饲养 80～100 只,避免密度过大。但密度过小不利于保温,冬季育雏可以适当提高饲养密度。

6. 管理要求 经常检查育雏室内的温度、湿度及通风情况。经常检查雏鹑的采食和饮水情况,发现异常及时采取相应措施。定期抽样称重,及时调整饲养管理措施。定期统计饲料消耗及成活率情况。做好防鼠、防敌害及防煤气中毒等工作。

(二)仔鹑的饲养管理

1. 饲养方式 采用单层或多层笼养。每平方米笼底面积饲养 60 只左右,夏季酌减,冬季可以适当增加。

2. 环境条件控制 育成期仔鹑最适合温度为 22～24℃、空气相对湿度 60% 左右,光照每天固定为 12 小时,不能随意增加光照,否则会出现早产。早产的鹌鹑开产后蛋较小,畸形蛋比例增加,全期种蛋合格率降低。

3. 饲喂与饮水 仔鹑阶段采用自由采食,每天加料 4～6 次,根据体重发育情况适当进行限饲,控制喂料量,避免采食过量引起过肥。采用杯式自流饮水器饮水,保证饮水的清洁卫生。

4. 管理要求　21 日龄后要及时转群,根据羽色进行雌雄鉴别,实行公母分群饲养,避免出现早配现象。为防止种用仔鹑性早熟,从 28 日龄开始可采用限制饲养等技术措施。保持环境安静,防止惊群。定期抽样称重,统计耗料情况。

三、产蛋期肉种鹑的饲养管理

(一)饲养方式

产蛋期肉种鹑采用多层笼养,方便加料和种蛋的收集。需要专用肉种鹑笼,由于肉种鹑体型大,肉种鹑笼比蛋鹑笼要增加高度 2 厘米,方便交配的顺利进行。

(二)环境条件

1. 温、湿度　从开产至淘汰,尽量保持温度在 22～26℃,空气相对湿度 60% 左右。温度过低、过高都会引起产蛋率的下降,种蛋受精率下降,饲料转化率降低。一般在肉鹑饲养比较集中的南方地区,冬季鹑舍温度较为适宜,关键是夏季高温高湿影响较大。

2. 光照要求　光照是产蛋期种鹑非常重要的环境条件之一,进入产蛋期后,要逐渐延长每日光照时间,刺激性腺的发育,促进产蛋(表 6-1)。在自然光照不能满足光照要求时,通过人工补充光照完成。注意补光要早晚两头补,以利于鹌鹑采食和收蛋等各项工作的顺利进行。产蛋期最长日光照时间为 16～17 小时,维持恒定,绝对不能随意减少光照。遇到停电时要准备蓄电池或蜡烛照明,保证每天光照时间不能减少。

表 6-1　肉种鹑产蛋期光照要求

日　龄	光照时间（小时）
36～40	13
41～45	14
46～50	15
51～60	15.5
61 至淘汰	16～17

3. 饲养密度　产蛋期肉种鹑要降低饲养密度，特别是夏季，每平方米饲养 45～48 只，冬季可以适当增加。密度过大会影响到交配的成功率，而且会引起啄肛等恶癖，夏季还容易造成热应激。

（三）饲　喂

产蛋期自由采食，每天加料 2～3 次，每次加料不能过多，不能超过料槽的 1/3。更换产蛋期饲料要有 3～5 天的过渡期，不能突然一次换料。采用杯式自流饮水器供水，检查供水情况，供水不能中断，经常清洗水杯。

（四）管理要点

1. 公母配比　为了保证高的受精率，公母配比要降低到 1∶2～3。生产中一般为 1∶2.5。公母同笼混养，自然交配。首先转入公鹑，12 小时或 1 天后再转入母鹑。第一次交配后 40 小时可收取种蛋进行孵化。

2. 转群　适时转群，防止应激。根据配种计划，上午对种公鹌鹑称重、评定外貌，按育种与制种要求，选出种公鹌鹑后，戴上脚号，放入种鹌鹑笼内；下午对种母鹌鹑进行选择，按配种计划，编上脚号，再按配比放入种公鹌鹑笼内配对制种。转群时先放入公鹌鹑可以确立公鹑的优势地位，避免母鹑欺生不让公鹑交配。

3. 种蛋收集　及时收集种蛋,进行分类统计,做好种蛋消毒、贮存。鹌鹑产蛋主要集中在下午,夏季每天收蛋 3～4 次,其他季节 2 次。

4. 种群更新　及时更新种群,除育种群外,一般肉用种鹑利用期限为 6～8 个月,当产蛋率下降到 60% 以下时及时淘汰,消毒鹑舍后补入下一批种鹑。

四、商品肉仔鹑的饲养管理

(一)肉仔鹑的生理特点

①肉仔鹑出壳以后腹腔内还有未被吸收完的卵黄,可供其 24 小时的正常的营养需要,因此出壳后 24 小时以后再喂水喂料。

②神经调节功能和生理功能不健全,怕冷,需要人工给温才能生存。

③雏鹑有一定的野性,有采食和饮水的本能,消化能力较强,喜食粒料,饲料粒度大小应适合雏鹑采食特点,供给营养丰富容易消化的优质饲料。

④喜欢光线强的环境条件,光线暗时易挤堆压死。因此育雏期需要 23 小时光照,1 小时黑暗,有利于鹌鹑的生长和健康。

⑤生长发育快,新陈代谢旺盛,45 日龄体重可以增加至 350克。应及时调整饲养密度,给予足够的采食饮水位置。

⑥对外界反应敏感、抗病力弱,应在饲料中添加预防性药物,增加机体免疫力,并提供稳定的环境。

⑦肉仔鹑体型小,笼底应铺白色棉布,笼网孔要小一点,防止夹住肉仔鹑的脚或头,造成不必要的伤亡。

(二)肉仔鹑饲养阶段划分

商品肉用仔鹑采用两段制饲养。前期（1～21 日龄）为育雏期，可以采用火炕育雏或笼育；后期（22 日龄至上市）为育肥期，必须转群上育肥笼，以减少运动量，有利于增重和提高饲料转化率。育肥笼结构同育雏笼，只是单层高度 12～15 厘米，减少鹌鹑跳跃，有利于育肥。头顶要设塑料网，防止跳跃时头部受伤影响外观和销售。

(三)育雏期的饲养管理

1. 做好接雏前准备工作　准备好育雏室、育雏笼、饮水器、食槽、料桶、保暖火炉与保暖电器、照明灯。育雏室、笼具等进行熏蒸消毒，用喷灯火焰消毒。在进雏前 1 天开始升温，使室温达到 27～28℃，笼温达到 35～37℃（指雏鹑背部水平温度）。备足饲料。头 1～2 天可在笼底铺上垫布，防止腿部打滑受伤。料槽或料桶中加好开食料，饮水器中加好水。

2. 饲养密度　肉仔鹑性情温驯，可以适当增加饲养密度，提高笼具利用效率，获得更大经济效益。1 周龄为每平方米 150～180 只，2 周龄为每平方米 120～150 只，3 周龄为每平方米 100～120 只，4 周龄为每平方米 70～90 只。不同季节可以适当调整，冬季增加密度，夏季减少密度。

3. 注意保暖　由于鹌鹑初生至 7 日龄的体温较成年鹑低 3～4℃，至 10 日龄后体温才恢复正常，而调节体温功能要到 21 日龄后才完善，因此，一定要为雏鹑创造温暖的生活环境。刚开始时温度要求在 37～38℃，以后每 2 天下调 1℃。切忌温度忽高忽低而诱发白痢。肉仔鹑舍温度计应放在与肉仔鹑背部相平的位置。肉仔鹑对温度要求比较严格，均匀分布在笼内或育雏舍内，采食、饮水正常，伸腿伸翅伸头、奔跑、跳跃、打斗、卧地舒展全身休息，羽毛丰满干净有光泽,说明温度适宜;挤堆,发出轻声鸣叫,呆立不动,采食、饮水减少,羽毛湿,站立不稳,死亡率高,说明温度偏低,温度偏低还会引起雏鹑瘫痪或神经症状;伸翅,张口呼吸,饮水量增加,寻找低温处、笼边休息,说明温度偏高。

4. 饮水　肉仔鹑进入育雏笼,先让它休息熟悉环境,大约 2 小时后开始饮水。最好用小型自制饮水器(玻璃罐头瓶加小碟),1～7 日龄,每 100 升凉开水加 50 克速溶多维、30 克维生素 C、5 千克白糖或葡萄糖,溶解混匀,供自由饮用;15 日龄后用 1 升的真空饮水器。注意自开始饮水起不得断水,防止缺水后再供水出现暴饮。注意饮水时淹死或潮毛。

5. 喂料　宜在开始饮水后 2 小时内开食,先撒在白棉布上诱导肉仔鹑采食,同时也可以在笼内放置小料桶或小料槽,让肉仔鹑对于小料桶或小料槽有一个适应的过程。1 周内每天 8 次,2 周内每天 7 次,3 周内每天 6 次。4 周以后可用料槽或料桶喂料,每天喂 4～5 次,采用自由采食的方法,每次间隔 20～30 分钟。但应该在料槽或者料桶的底部铺设白色棉布防止饲料浪费。每天喂料时要注意勤添少喂,每次的喂料量要让每只肉仔鹑都吃饱。按 40 天上市,饲养 1 只肉仔鹑共耗料 800 克左右。

6. 防止逃窜　雏鹑在 1～5 日龄有相当的野性,表现为敏感性与逃窜性,因此必须在笼具正面加一片尼龙纱网挡板,防止逃窜。所有笼具务必堵好孔洞或缝隙,防止逃窜或挤压导致伤亡。

7. 疾病预防　按照制定的有关免疫程序与防病要求,适时接种疫苗与药物预防。经常检查鹑群表现,发现弱雏、病雏及时隔离观察。没有育肥价值的坚决淘汰。

(四)育肥期的饲养管理

商品肉仔鹑在遗传上具有早期生长发育快的特点,整个饲养期(育雏阶段与育成阶段)都要加强饲喂和育肥,方能取得良好的生长率与胴体品质。肉仔鹑到 3 周龄时体重达到 150~180 克,骨骼、肌肉发育好,但肥度不够,影响口味,如在此基础上再经育肥笼内育肥 2 周,体重可以达到 250~300 克,则体内积贮适度脂肪,可改善肉的品质,对提供白条肉或进一步深加工都是必要的。淘汰的成年蛋鹑或种鹑也可以进行 1 周育肥,能够明显增加肥度,改善胴体品质。肉用仔鹑应采用全进全出制,具体的育肥技术如下。

1. 育肥笼　每层笼的高度降低为 12~15 厘米,可防止仔鹑跳跃,有利于育肥。降低饲养密度,每平方米笼底饲养 80 只。每层笼顶架设塑料窗纱或塑网,防止肉鹑头部撞伤。

2. 育肥饲粮　育肥期采用高能量、高蛋白质饲料。代谢能要求 12.14 兆焦/千克。饲料中要保证动物性蛋白质饲料占 8%~10%。料槽饲喂每次加料不要超过料槽深度的 2/3,每天饲喂 4~6 次。要保证有充足的饮水。法国肉用鹌鹑的采食量见表 6-2。此外,在饲料中增加叶黄素、虾壳、蟹壳等可使屠体更受消费者欢迎。为了减少屠体的异味,在屠宰前 7~10 天,停止使用鱼粉、蚕蛹等有异味的原料。

表 6-2　法国肉用鹌鹑平均采食量

周　龄	1	2	3	4	5	6
周末平均体重(克)	30.5	70.5	125.0	180.0	226.0	250.0
平均采食量(克/天)	3.8	8.6	15.4	20.6	24.8	26.6

3. 转群　一般肉仔鹑养到 3~4 周龄时,便可转入育肥阶段,应公母分笼饲养,防止出现交配现象而影响采食与育肥效果。

4. 分群　肉仔鹑的生长发育迅速,新陈代谢旺盛,因此在肉仔鹑饲养过程中要及时按大小分群、强弱分群。强弱分群既可以保证强鹑快速生长的需要,又可以避免弱小鹑吃不到饲料而影响生长发育。根据羽毛与外貌特征将公母分群管理,可减少因采食量和生长速度上的差异所造成的群体重量不一致,还可减少生长后期因交配等原因所造成的损伤。分群也有利于公鹑尽早出栏，又可以保证母鹑的正常生长。健康鹑和病鹑分群管理有利于病鹑的有效治疗，可降低药费开支，又可避免疾病蔓延保证大群肉仔鹑的健康。

5. 管理要点　育肥总原则是提高食欲，减少活动，同时光线要暗。保持温度适宜，通风良好，做到吃饱、吃好、少动、多睡，促进长肉催肥。肉用鹌鹑仅在育雏期需要较长的光照时间和较强的光照强度。育肥阶段商品肉仔鹑每天要求 10～12 小时的弱光，光照强度 10 勒（40 瓦白炽灯），能够正常采食饮水即可。强光照条件下鹌鹑比较活跃，活动增加，睡眠减少，这些都不利于育肥。自 21 日龄起，采用断续光照，即开灯 1 小时、黑暗 2 小时，减少鹌鹑活动量，促进其迅速增重。21 日龄到上市阶段，要求温度适宜。18～25℃的环境温度下鹌鹑食欲旺盛，生长迅速，而且有利于饲料转化率的提高。转入育肥阶段后，最好按公母和大小分群饲养，以提高上市时的均匀度和成活率，减少伤残率，提高肉仔鹑的商品价值。

6. 通风换气　肉用鹌鹑的采食量较大，新陈代谢旺盛。若舍内通风不好，氧气不足，会严重影响其正常生长。因此，必须保持鹌鹑舍内空气新鲜，冬季天暖时也要开窗换气。最好是采用机械通风，自动化控制。但要处理好通风与保温的矛盾。

(五)肉仔鹑上市

肉仔鹑 35～42 天上市，活重达 250～300 克。蛋用型公鹑 35 天左右上市，活重在 100～110 克。此时的公鹑还未完全达到性成熟，正是肉质最好的时候，可及时上市。

1. 肉仔鹑的生产指标

(1)出栏率(％)　指育肥末期上市肉仔鹑数与刚开始入舍雏鹑数的百分比。高的水平要求在 95％以上。

(2)总活重(千克)　指整群肉仔鹑上市时的总重量，能够反映整体生产水平和经济效益的高低。

(3)总耗料量(千克)　指整群肉仔鹑整个饲养期累计饲料消耗总量。

(4)料重比　指上市肉仔鹑全程耗料量与总活重之比,反应饲料的利用效率和经济效益。一般在 3.2～3.6 之间。

(5)活重(克)　指肉仔鹑屠宰前停饲 6～12 小时后称取的活体重。

(6)屠体重(克)　也称满膛重,指肉仔鹑屠宰放血拔羽后的重量,湿拔法须沥干。蛋鹑淘汰屠体重在 130 克左右。专用肉仔鹑屠体重在 230 克以上。

(7)半净膛重(克)　指肉仔鹑屠体去掉气管、食管、嗉囊、肠、脾、胰和生殖器官,留心、肝、胃(去除内容物和角质膜)、肺、肾和腹脂的质量。蛋鹑淘汰半净膛重在 115 克左右。

(8)全净膛重(克)　指半净膛屠体去心、肝、胃、腹脂,保留头、脚、肺、肾的重量。

(9)屠宰率(%)　指屠体重与活重的百分比,一般为 90%～92%。

(10)半净膛率(%)　指半净膛重与活重的百分比,一般为 86%～88%。

(11)全净膛率(%)　指全净膛重与活重的百分比,一般为 80%～84%。

2. 活鹑的包装运输

(1)挑选　上市的肉仔鹑要求肌肉丰满、肥度适中,达到标准要求。专用肉仔鹑手抓时感到鹌鹑充满手掌,手感肥满,有一定重量(250～350 克)即可上市。对体重与肥度不合格的可再饲养一段时间,等合格后上市。开产约 1 年后淘汰的老母鹑,骨头硬、肉质老,要将病弱个体挑出。蛋用公鹑在出售前还要做一次挑选,因为在幼鹑 21 日龄第一次区分性别时,往往有些误差,将母鹑混入公鹑群中,应将其挑出供产蛋用。公鹑的生长亦不完全一致。

(2)活鹑的运输　实践证明,40日龄以上的鹌鹑,可以长途运输,途中最长4～5天,只要喂些水和料,达到终点时,情况都良好。运输活鹑的笼子可用竹篾或柳条编成,也可采用铁丝笼,冬春季节放鹑的密度可大些,夏秋季节应小些,一般每平方米放100～120只。在选鹑与运输途中要轻拿轻放,尽可能使鹌鹑少受惊。

(六)淘汰蛋鹑、种鹑的育肥

1. 育肥时间　当母鹌鹑产蛋1年,产蛋率低于70％时,即可淘汰育肥;当公鹌鹑满5周龄时,也可确定是否留种,对于不留种的,便可淘汰育肥。

2. 光照要求　淘汰鹌鹑育肥需在光线较暗和安静的室内进行,室内温度以18～25℃为宜。

3. 育肥饲料　淘汰鹌鹑的育肥饲料应以玉米、麦麸、稻谷等含碳水化合物较多的饲料为主,可以占日粮的75％～80％;蛋白质饲料可降低到18％;饲料中要加入0.4％的食盐,以刺激其饮水。在育肥过程中,每昼夜可喂饲料4～6次,以喂饱为度,饮水要保证清洁并供足。

4. 上市时间　淘汰鹌鹑的育肥期一般为2～3周,当每只体重达到150～160克,即可上市出售。

第七章 鹌鹑的防疫与保健

一、鹌鹑疫病综合防治措施

鹌鹑个体小,对环境的适应性差,抵抗疾病的能力有限,发病后治疗效果差,死亡率高。加上鹌鹑饲养以密集型笼养为主,饲养密度大,一旦发生传染病就会波及全群。因此,饲养过程中一定要做好疫病预防工作,做好隔离饲养。鹌鹑饲养场应根据《中华人民共和国动物防疫法》及其配套法规的要求,结合当地实际情况,进行疫病预防工作,注意选择适宜的疫苗、免疫程序、免疫方法及适宜的药物进行预防。平时应加强饲养管理,建立严格的卫生、消毒制度,密切注视和及时发现群体中的异常个体,隔离或淘汰病鹑,保护大群健康。

(一)隔离饲养

1. 场地隔离 鹌鹑规模养殖场要求距离饮用水源地、动物屠宰加工场所、动物和动物产品集贸市场 500 米以上,距离其他畜禽场 100 米以上,距离居民区、公路铁路主干线 500 米以上。鹌鹑引种前进行检疫,确认健康后才能引种。

2. 病鹑隔离 当鹌鹑群出现疫病流行时,病鹑应及时隔离饲养。尤其是暴发新城疫、禽流感、白痢、支原体感染时,要及时通知兽医部门进行诊断。将病鹑从大群中挑出,进行隔离观察。

3. 分阶段隔离饲养 成鹑机体抵抗力比较强,有时可能带毒或带菌,但不会发病,不表现任何症状,幼龄鹑抵抗力非常弱,对多种病原的易感性很高,如果成鹑和幼龄鹑在同一圈舍或圈舍距离比较近(要求 50 米以上),可增加幼龄鹑的发病概率。

(二)卫生消毒

做好鹌鹑场的卫生消毒工作,是有效减少病原微生物数量与浓度,防止疫病发生的重要措施。

1. 常用的消毒方法

(1)机械性消除　用机械的方法如清扫、洗刷、通风等清除病原体,但必须配合其他方法才能彻底消除病原体。在进行任何消毒之前,必须将畜禽舍和设备彻底清理和冲洗干净,这是消毒程序中最重要的一个环节。

(2)物理消毒法　阳光光谱中的紫外线有较强的杀菌能力,门卫消毒室也可以设紫外线灯消毒。紫外线穿透能力弱,只能作用于物体表面的病原微生物。火焰烧灼用于笼具等金属制品的消毒,效果良好,特别对球虫卵囊。病死鹑也可以通过焚烧、深埋来处理,彻底杀死病原微生物。

(3)化学消毒　消毒环境中的有机物质往往能抑制或减弱化学消毒剂的杀菌能力。如果有机物存在,消毒剂量则应加大。各种消毒剂受有机物的影响不尽相同,如在有机物(家禽粪便)存在时,含氯消毒剂的杀菌作用显著下降;季铵盐类、双胍类和过氧化合物类的消毒作用受有机物的影响也很明显;但环氧乙烷、戊二醛等消毒剂受有机物的影响比较小。

注意拮抗物质对化学消毒剂会产生中和与干扰作用。如:季铵盐类消毒剂的作用会被肥皂或阴离子的洗涤剂所中和。酸碱度的变化可直接影响某些消毒剂的效果。如戊二醛在 pH 值由 3 升至 8 时,杀菌作用逐步增强;而次氯酸盐溶液在 pH 值由 3 升至 8 时,杀菌作用却逐渐下降;洗必泰、季铵盐类化合物在碱性环境中杀菌作用增强。

（4）生物学消毒　通过发酵、微生态制剂等达到消毒的目的，多用于粪便、病死鹑的无害化处理。

2. 常用消毒方式

（1）人员、车辆消毒　鹌鹑规模养殖场在进入场区位置要设置车辆消毒池和人员消毒通道。在进入生产区有第二道车辆消毒池和人员更衣消毒间。工作人员进入生产区都要消毒和更衣。

（2）空舍消毒　鹑舍全部淘汰或转出后，对整个鹑舍及其所有的设备进行彻底的清洗和消毒。

（3）环境消毒　是指鹑舍内外环境的消毒，包括鹌鹑养殖场道路、鹑舍外墙、鹑舍地面、墙壁等消毒。

（4）带鹑消毒　连同鹌鹑、鹑舍环境、设备一块进行喷雾消毒。应选择高效、低毒消毒剂。

（5）饮水消毒　季铵盐类对普通饮用水有很好的消毒作用，也可选用含氯制剂。

（6）设备和器械的消毒　饮水器、料槽等都应定期进行消毒。

3. 常用消毒剂

（1）过氧化物类消毒剂　常用的有过氧乙酸、高锰酸钾、过氧化氢、二氧化氯等。该类消毒剂为高效消毒剂，对细菌、病毒、霉菌和芽胞均有效，在物品上无残余毒性。消毒效果不受温度的影响。主要用于鹑舍内环境消毒。缺点是性质不稳定，易分解，作用时间短，易受环境中有机物影响。

（2）双季铵盐类　常用的有癸甲溴铵（百毒杀）、消毒净、度米芬等。该类消毒剂为高效消毒剂，结构稳定，对有机物如羽毛、黏液、粪便等的穿透能力强。作用时间长，在一般环境中，保持有效消毒力 5～7 天，在污染环境中可保持 2～3 天。消毒效果不受光、热、盐水、硬水及有机物存在影响。无刺激、无残留、无毒副作用、无腐蚀性，对人畜安全可靠。可用于带鹑消毒和环境消毒。缺点是对无囊膜病毒的杀灭效果不如有囊膜的强。

（3）碱类消毒剂 常用的有氢氧化钠（火碱）、生石灰。该类消毒剂为高效消毒剂，杀菌作用强而快，杀菌范围广，对细菌、病毒、芽胞、霉菌均有效，价格低廉。主要用于舍外环境消毒和空舍消毒。氢氧化钠有极强的腐蚀性，对铁质笼具腐蚀性强，不能在笼具上喷洒，地面、墙壁消毒干燥后应用清水冲洗。

（4）碘消毒剂 常用的有碘伏、百毒清、聚维酮碘等。该类消毒剂杀菌力强，杀灭迅速，具有速杀性。可用于带鹑消毒和舍内环境消毒。缺点是有效杀灭病原微生物的浓度较高，受温度、光线影响大，易挥发，在碱性环境中效力降低。

（5）含氯消毒剂 常用的有次氯酸钠、次氯酸钙、二氯异氰尿酸钠等。该类消毒剂对病毒、细菌均有良好杀灭作用，对芽胞杆菌有效，可用于舍内环境消毒、饮水消毒。缺点是易受温度、酸碱度的影响，有机物存在可降低有效氯的浓度，从而降低消毒效力。

（6）醛类消毒剂 常用的有甲醛、戊二醛等。该类消毒剂优点是价格便宜，消毒效果好，对病原微生物具有极强的杀灭作用。甲醛可与高锰酸钾一起进行熏蒸消毒，其挥发性气体可渗入缝隙，并分布均匀，减少消毒死角。戊二醛对金属腐蚀性小、受有机物影响小、稳定性好，用于鹑舍建筑、道路、脚踏消毒池消毒。甲醛刺激性强，有滞留性，不易散发，有毒性，消毒人员应做好防护。

（7）复合型消毒剂 常用的有安灭杀（15%戊二醛＋10%季铵盐消毒剂）、威岛消毒剂（二氯异氰尿酸钠＋表面活性剂＋增效剂＋稳定剂等复配而成）、卫康（过硫酸氢钾＋双链季铵盐＋有机酸＋缓释剂等）、农福（几种酚类＋表面活性剂＋有机酸）、百菌消（碘、碘化合物、硫酸及磷酸制成的水溶液，深棕色的液体）等。复合型消毒剂对细菌、病毒、霉菌和芽胞均有效，刺激性较小，作用时间较长，低温仍有效，不受有机物和水中金属离子影响，可进入多孔表面的孔隙中。其价格一般较高，购买时不能贪图便宜买到假货。

(三)免疫接种

通过人工接种疫苗使动物体内产生抗体物质,预防疾病的发生,称为人工免疫。接种疫苗后,需要一定的时间才能产生免疫力,一般弱毒疫苗,如新城疫疫苗,接种后经过 4～7 天产生免疫力。传染性疾病是鹌鹑养殖的主要威胁,而免疫接种是预防病毒性传染病的重要措施。鹌鹑养殖应根据常见传染病和本场及周边地区疫病流行情况,制订合理的免疫程序。免疫接种虽然能使鹌群对某些疾病形成一定抵抗力,但如果有毒力强的病原侵入时,难免还会造成不同程度的损失。良好的饲养管理和卫生消毒制度才是预防疾病的最有效的办法。

1. 疫苗的运输与保管

(1)疫苗的种类　鹌鹑常见疫苗分弱毒疫苗和灭活疫苗两大类。弱毒疫苗是用活的病毒或细菌制备经致弱而成。具有产生免疫效果好、接种方法多、用量少、使用方便的优点,还可用于紧急接种,但容易引起接种反应和呼吸道症状,有时还影响产蛋,如新城疫弱毒苗、禽痘弱毒苗等。灭活疫苗又称死苗,一般是用强毒株病原微生物灭活后制成。其安全性能好,不散毒,受温度的影响较小,易保存,免疫力维持时间较长,但用量大,接种方法以皮下或肌内注射为主,因此费工费时,如新城疫灭活疫苗、禽流感灭活疫苗。

(2)疫苗的运输　是保证免疫成功的重要环节之一,在天气炎热时,弱毒疫苗应在低温条件运输,一般需要专用疫苗箱,放置冰块;油乳剂灭活疫苗可以在常温下运输,但要避免阳光直射。

(3)疫苗的保存　疫苗购买回场后,要有专人保管,造册登记,以免错乱。不同种类、血清型、毒株、有效期的疫苗应分开保存。弱毒苗要求存放在 -20℃的低温环境下,而油乳剂灭活苗在 $2～8$℃冷藏柜存放,不能冷冻,冷冻后油水分离不能使用。应经常检查冰箱温度,最好有备用电源。冰箱结霜或结冰太厚时,应及时除霜,使冰箱达到预定的冷藏温度。

2. 疫苗的使用剂量　疫苗的剂量不足,不能刺激机体产生有效的免疫反应;剂量过大,则可能引起免疫麻痹或毒副反应,所以疫苗使用剂量应严格按产品说明书进行。有些人随意将剂量加大几倍使用是错误的,一方面造成浪费,一方面可能适得其反。大群接种时,为预防注射过程中的一些浪费,在配制时可适当增加10%～20%的用量。

3. 疫苗的稀释　稀释疫苗之前应对使用的疫苗逐瓶检查,尤其是名称、有效期、剂量、封口是否严密、是否破损和吸湿等。对需要特殊稀释液的疫苗,应使用指定的稀释液。弱毒疫苗一般可用生理盐水或蒸馏水稀释。稀释液应是清凉的,这在天气炎热时尤应注意。稀释液的用量应准确计算和称量。稀释过程应避光、避风尘和无菌操作,尤其是注射用的疫苗应严格无菌操作。稀释过程一般应分级进行,对疫苗瓶应用稀释液冲洗2～3次。稀释好的疫苗应尽快用完,尚未使用的疫苗也应放在冰箱或冰水桶中冷藏。对于液氮保存的马立克氏病疫苗的稀释更应小心,生产厂家有操作程序时,应严格执行。

4. 疫苗的接种途径　免疫接种时操作上的失误,是造成免疫失败的常见原因之一。不同免疫接种途径的优缺点及注意事项如下。

(1)饮水免疫　操作简单,可减少劳力和对鹑群应激,适合新城疫弱毒苗、传染性法氏囊炎弱毒苗的免疫,而灭活苗不能通过饮水免疫。使用的饮水应是凉开水,不应含有任何消毒剂。自来水要放置2天以上,氯离子挥发完全后才能应用,否则会杀死活的疫苗。饮水中应加入0.1%～0.3%的脱脂奶粉或山梨糖醇可以保护疫苗的效价,提高免疫效果。为了使每一只鹌鹑在短时间内能均匀地摄入足够量的疫苗,在供给含疫苗的饮水之前应停水2～4小时(视环境温度而定)。稀释疫苗所用的水量应根据鹑群日龄及当时的室温来确定,使疫苗稀释液在1～2小时内全部饮完。饮水器应充足,使鹑群2/3以上同时有饮水的位置。饮水器不得置于直射阳光下,夏季天气炎热时,饮水免疫最好在早上完成。

(2)滴鼻点眼免疫 如操作得当,效果往往比较确实,尤其是对一些预防呼吸道疾病的疫苗。缺点是需要较多的劳力,也会造成一定的应激,如操作上稍有马虎,则往往达不到预期的目的。应注意稀释液必须用蒸馏水、生理盐水或专用稀释液。稀释液的用量应准确,最好根据自己所用的滴管、滴瓶滴试,确定每毫升多少滴,然后再计算疫苗稀释液的实际用量。在滴入疫苗之前,应把鹌鹑头颈摆成水平的位置(一侧眼鼻向上),并用一只手指按住向地面的一侧鼻孔。在将疫苗液滴加入眼和鼻以后,应稍停片刻,待疫苗液确已被吸入后再将鹌鹑轻轻放回。

(3)肌内或皮下注射免疫 适合灭活苗的免疫。接种的剂量准确、效果确实,但耗费劳力较多,应激较大,在操作中应注意:使用连续注射器注射时,应经常核对注射器刻度容量和实际容量之间的误差,以免实际注射量偏差太大。注射器及针头使用前均应蒸煮消毒。皮下注射的部位一般选在颈部背侧皮下,肌内注射部位一般选在胸肌或肩关节附近的肌肉丰满处。针头插入的方向和深度也应适当,在颈部皮下注射时,针头方向应向后向下,与颈部纵轴基本平行。在注射过程中,应边注射边摇动疫苗瓶,力求疫苗均匀。

5. 免疫程序制订 参考鹌鹑免疫程序见表7-1和表7-2,各生产场应根据本地区、本场疫病流行情况选择性应用,制订合理的免疫程序。

表7-1　商品肉用鹌鹑免疫程序

日　龄	疫　苗	用　法
7	新城疫Ⅳ系或克隆-30冻干苗	饮水、点眼或滴鼻,1羽份
10	禽流感灭活苗	皮下注射,0.2毫升
20	新城疫Ⅳ系冻干苗	饮水,1羽份

表7-2　产蛋种用鹌鹑免疫程序

日　龄	疫　苗	用　法
1	HVT活苗(马立克氏病)	颈部皮下注射,1羽份
10	新城疫Ⅳ系冻干苗	点眼,1羽份
14	传染性法氏囊病弱毒苗	饮水,1羽份
25	禽流感灭活苗	皮下注射,0.3毫升
28	传染性法氏囊病弱毒苗	饮水,1羽份
60	新城疫油乳剂灭活苗	皮下注射,0.3毫升
90	禽流感疫苗	皮下注射,0.5毫升
120	新城疫Ⅳ系冻干苗	饮水,1.5羽份

(四)药物使用

合理的预防性投药是控制鹌鹑群发病的有效途径,特别是在开产前天气变化、转舍等容易发生应激的时候。在鹑群出现病状时,要及时诊断,适当的药物治疗可以起到事半功倍的作用,特别是一些细菌性疾病。但养殖者应充分认识到,药物防治只有运用得当,才能降低成本,同时取得良好的预防和治疗效果。

1．细菌性疾病预防　白痢、副伤寒等是鹌鹑育雏期间的常见病,可以在饲料中添加土霉素,饮水中加青霉素来预防。对于不同年龄段都容易发生的大肠杆菌病和慢性呼吸道病等,可用硫酸链霉素、北里霉素、泰乐菌素、红霉素、枝原净等，均有很好的效果。

2. 球虫病预防　球虫对各种防治药物很容易产生耐药性，并能将耐药性遗传给后代，形成对某些药物的耐药虫株。因此，应选择高效药物，并经常换药或 2 种以上药物交替使用。

3. 药物选用

（1）对症用药　使用药物要首先明确使用的目的，是防治哪一种疾病，是否已经确诊。没有确诊就随意用药是目前家禽生产中普遍存在的问题。病原体对药物的敏感性存在很大差异，同一种药物对于某种病原体可能有很好的抑制或杀灭效果，但是对另一种病原体的抑制或杀灭作用不显著，甚至没有效果。在实际生产中治疗用药应该通过药物敏感实验来确定，选择对本场存在的相应病原体具有高度的敏感性的药物。

（2）避免病原体耐药性形成　一种药物长期使用很容易使病原体对该药物产生耐药性。临床上使用某种药物控制特定的疾病效果很好，但是随着药物使用时间的延长其效果也随之下降。其原因在于病原体在生存过程中会不断发生变异，对药物会产生适应性。防止及延缓病原体产生耐药性的主要方法是：定期更换使用的药物，不长期使用一种药物。

（3）减少产品中药物残留　一些药物在家禽体内代谢时间长，能够在肉、蛋中蓄积，导致肉蛋产品中的药物残留问题，影响消费者健康。在家禽生产中有些药物可以使用，而有些是不能使用的，我国已经制定了家禽的药物使用规范，要参照执行，不使用禁用药物。

4. 投药途径要科学

（1）饲料投药　鹌鹑饲养以粉料为主，饲料投药是主要给药途径。采用倍比稀释法进行拌料，先用等量的饲料与药物混匀，再用等量的饲料与已加入药物的饲料搅拌均匀，如此经过至少 6 次倍比稀释，保证药物在饲料中均匀分布，以免个别鹌鹑采食过多而中毒。

（2）饮水投药　即把药物溶解于饮用水中,让鹌鹑在喝水时达到治疗效果,尤其是鹑群发病后食欲降低而饮水正常的情况下较为适用。但须注意下列事项:用药前停止饮水一段时间,以保证每只鹌鹑都能饮到含有药物的水。夏天停止饮水 0.5～1 小时,冬季停止饮水 2～3 小时。

（3）气雾给药　是指使用能将药物气雾化的器械,将药物弥散在鹑舍空间中,通过呼吸作用于呼吸道黏膜的一种给药方法。应用气雾给药时准确掌握气雾用药的剂量,不能套用饮水或拌料药的剂量,而是依据鹑舍空间大小准确计算剂量。常用于气雾的药物有链霉素、卡那霉素、庆大霉素、红霉素、新霉素等,用于治疗鹌鹑慢性呼吸道病。每立方米空间用药量:链霉素 0.2 克(20 万单位),新霉素 1 克,卡那霉素 0.5 毫升。

（4）体外用药　一些消毒药物和驱除体外寄生虫的药物采用此法,包括涂抹、喷洒、沙浴、洗浴等。

5. 动物用药管理制度

（1）**药品种类**　允许使用符合《中华人民共和国兽药典》二部和《中华人民共和国兽药典规范》二部收载的适用于动物疾病预防和治疗的中药材和中成药方制剂。所用兽药必须符合《兽药质量标准》、《兽药生物制品质量标准》、《饲料药物添加剂使用规范》和《进口兽药质量标准》。允许使用国家畜牧行政管理部门批准的微生物制剂。肉鹑允许使用 NY 5035《无公害食品　肉鸡饲养兽药使用准则》所列药物。允许使用消毒防腐剂对饲养环境、厩舍和器具进行消毒。

（2）**药品来源**　采购具有《兽药生产许可证》和产品批准文号生产企业的合格兽药产品。禁止采购和使用三无兽药和假冒伪劣兽药。

（3）**药品使用**　由有资质的兽医人员开具处方,并在其指导下按照兽药标签规定的用法和用量使用。严格执行有关停药期的规定。

(4)药品登记　保存免疫程序、病程与治疗记录,包括疫苗品种、剂量、生产单位,治疗用药名称、治疗经过,疗程及停药时间。

(5)禁用药品　禁止使用未经国家农业部、畜牧兽医行政管理部门批准的兽药或已经淘汰的兽药。禁止使用未经国家畜牧兽医行政管理部门批准的采用基因工程方法生产的兽药。禁止使用麻醉药、镇痛药、镇静药、中枢兴奋药、骨骼肌松弛药等。

二、鹌鹑常见病防治

(一)新城疫

本病是由副黏病毒引起的一种烈性传染病。其他家禽均可感染发病。引起出血性败血症,死亡率高。

【病　　原】　新城疫病毒属副黏病毒科、副黏病毒属、Ⅰ型副黏病毒。新城疫病毒对热的抵抗力较其他病毒强,一般60℃30分钟即可死亡,对酸碱较稳定,pH值2～12的条件下,作用1小时不受影响。对化学消毒剂的抵抗力不强,一般常用的消毒剂,如氢氧化钠、福尔马林、漂白粉等5～20分钟即可将病毒杀死。

【流行特点】　各种日龄的鹌鹑均可感染发病,但随着日龄的增加,机体对该病的抵抗力增强。一年四季都可以发生,但以气温较低的冬春季节多发。免疫后的鹑群有时会表现散发,发病率和死亡率较低,但影响生产性能的发挥,无产蛋高峰。病毒可通过人员、饲料、昆虫,经呼吸道和消化道感染,传播迅速。

【临床症状】　初期表现食欲减退,精神委靡,产蛋量骤减,蛋壳颜色变白,软壳蛋增多,排绿色或白色稀便。成年鹌鹑发病后期瘫痪,羽毛松乱,有神经症状,头向后或偏向一侧,或低头,呼吸困难,呼吸时有啰音。急性发病者多表现神经紊乱,呼吸困难,很快死亡。部分病死鹌鹑肛门出血。慢性的可存活 10～30 天,也有的个体能存活更长时间。

【病理变化】　内脏器官不同程度充血、淤血和出血,呈败血症变化。腺胃黏膜、肠道出血明显,盲肠扁桃体肿大、出血。急性发病濒死病鹌鹑,心脏、肝脏有出血点。产蛋期鹌鹑卵巢出血、萎缩变形,输卵管水肿。

【诊　断】　根据流行特点、临床症状及病理变化一般可对典型新城疫作出初步诊断。确诊需要结合实验室诊断,进行病毒分离、红细胞凝集试验与红细胞凝集抑制试验(HI)。在临床上应注意与禽流感鉴别。

【防治措施】　此病以预防为主,做好日常消毒与免疫工作很关键。正常免疫接种程序:7 日龄初次免疫,新城疫Ⅳ系滴鼻点眼;21 日龄新城疫Ⅳ系滴鼻点眼或饮水,35 日龄肌内注射油乳剂灭活苗。发病后用 2 倍量的新城疫Ⅳ系疫苗紧急饮水免疫,同时给予抗生素预防继发感染,饲料中加入中草药方剂(如清瘟败毒散)。将病情严重的鹌鹑及病死鹌鹑挖坑撒上生石灰深埋处理。

(二)禽流感

本病是由 A 型流感病毒引起的发生于各种家禽和野鸟的传染性疾病。此病毒有多种血清亚型,发病的禽群在临床上有程度不同的表现形式,具有上呼吸道感染、产蛋量下降以及急性致死性的临床表现。

【病　原】　禽流感病毒属于正黏病毒科 A 型流感病毒,表面抗原血凝素(HA)和神经氨酸酶(NA)容易变异,至今 HA 有 16 个亚型(H_1～H_{16}),NA 有 9 个亚型(N_1～N_9)。按毒株的毒力可分为高致死率、低致死率和无致病性 3 种,历史上高致死率禽流感都是由 H_5、H_7 亚型引起的。病毒对干燥、冷冻的抵抗力较强,但在直射阳光下 40～48 小时被灭活,紫外光灯直接照射可使其迅速灭活。病毒不耐热,60℃20 分钟可将其杀灭。普通的消毒药均能杀灭该病毒。

【流行特点】 在禽类中以鸡和火鸡最易感,鹌鹑也有报道。传播途径主要是呼吸道和消化道,也可通过损伤的皮肤和黏膜感染,吸血昆虫也可传播病毒。患病禽在潜伏期即可排毒,病禽卵内也可带毒。发病率和死亡率因病毒毒力强弱、禽体抵抗力、有无并发症等有很大差异。强毒株感染可导致近 100% 的死亡率,有的毒株仅引起轻度的产蛋下降,有的毒株则引起呼吸道症状,死亡率很低。本病多见于天气骤变及寒冷季节。

【临床症状】 潜伏期长短不一,从数小时至 2～3 天。症状表现极为复杂,与家禽种类、年龄,病毒的毒株亚型、毒力以及环境条件等有关。病初体温升高至 43～44℃,精神委靡、羽毛松乱,部分病鹑眼、鼻有分泌物,泄殖腔四周有粪便污染,严重者站立不稳,卧于笼侧,出现头颈呈"S"状弯曲、两腿劈叉状的典型神经症状病例。排灰白色稀粪便。

【病理变化】 一般死于强毒株感染的鹌鹑常表现不同程度的充血、出血、渗出和坏死变化。气管内有少量黏液,肺充血,个别可见心房数个出血点;肝脏轻微肿大,脾脏肿大、充血,肾脏严重肿大、充血;腺胃乳头肿大、出血,肌胃角质层溃疡黏膜脱落有明显坏死灶;小肠黏膜充血、出血,严重者黏膜脱落;母鹑输卵管黏膜水肿,管腔内有蛋白性分泌物,呈蛋清样、软豆腐样或炒鸡蛋样,造成永久性生殖系统损伤。卵巢卵子变形,形如菜花状。全身脂肪有针尖状点状出血点。

【诊　断】 根据流行病学、临床症状及病理变化只作出可疑诊断。由于禽流感的现场表现(发现特点、症状及剖检变化)差异较大且无典型性,所以要确诊必须依靠病原分离鉴定及血清学试验。病原分离时,活禽采集病料多从喉头、气管或泄殖腔中采集,死禽采集气管、肺、肝、脾、肾等组织样品。目前国内只有极少数实验室具备鉴定的条件,我国禽流感参考实验室建在中国农业科学院哈尔滨兽医研究所,负责禽流感病毒分型鉴定。

【防制措施】　对于禽类来说,最可能的病毒来源是其他感染禽类;因此预防禽流感的基本方法就是将易感禽群与感染禽及其分泌物和排泄物分开,采用综合性的预防、隔离措施,防止本病的传入。对禽群进行免疫接种。

军事医学科学院军事兽医研究所金明兰等研究了不同日龄鹌鹑采用不同免疫程序检测抗体消长和子代鹌鹑母源抗体的消长规律。通过母源抗体检测表明 9 日龄前的母源抗体效价均较高,在 20 日龄后较低,因此建议首免日龄在 20 日龄后比较理想。再则,随着机体的成熟,免疫系统发育较完善,有利于机体产生抗体和预防疫病感染。结合前期研究基础及生产应用,提出 28 日龄首免、90 日龄二免的免疫程序。

目前对禽流感没有切实可行的特异治疗方法,流行过程中不主张治疗,以免使疫情扩大。目前国际上对禽流感病禽的处置方法差异很大,对高致病性禽流感一般都采取扑杀的办法扑灭疫情;我国采取的是疫区周围 3 千米内的禽类全部扑杀,3～5 千米范围内的禽类强制免疫,5 千米外的禽计划免疫。

(三)马立克氏病

本病是一种慢性、消耗性传染病。本病潜伏期长,病程长,外观症状不明显,常被误诊为其他疾病。

【病　　原】　属疱疹病毒科 B 亚群病毒,鹌鹑源性和鸡源性马立克氏病病毒都能够感染鹌鹑。该病毒可以在羽毛碎屑中长期存活,对外界的抵抗力很强,在室温条件下 4～8 个月仍然有传染性。

【流行特点】　鸡是最主要的宿主,其他禽类很少发生马立克氏病,但鹌鹑、山鸡、火鸡都有自然发病报道。该病毒在病鹑羽毛囊的上皮细胞中增殖，因此主要通过羽毛、皮屑脱落后引起水平传播。也可以通过接触传染和饲料传播。鹌鹑场一旦发生此病很难根除，8周龄后的鹌鹑多发病，形成肿瘤，并持续排毒5个月以上。发病率因感染病毒的毒力、数量、感染途径及鹑群免疫水平而有较大差异。免疫后也会有个别发病。自然条件下母鹑更易感。

【临床症状】 鹌鹑感染发病后，表现精神不振，消瘦贫血，特别是胸肌少，容易摸到胸骨。产蛋鹑产蛋率下降，严重时脚瘫软，胫部着地行走，站不起来，常被误诊为维生素B缺乏症，排绿色稀粪，最后衰竭而死。

【病理变化】 剖检后常发现外周神经肿大，坐骨神经明显变粗，横纹消失。肝、肺、脾、胃、肾、卵巢或睾丸等有肿瘤。肝、脾、肾肿大，表面有大小不等的白色肿瘤。卵巢肿瘤似菜花样。有些表现为皮肤肿瘤。

【诊 断】 根据患病鹌鹑渐进性消瘦及外周神经（尤其是坐骨神经）功能障碍，剖检见多种内脏器官出现肿瘤性病灶等，可以作出初步诊断。确诊需进行实验室诊断，可采取琼脂凝胶免疫扩散试验：按照常规方法进行，中间孔加阳性血清，周围孔插疑似发病鹌鹑的羽毛囊，结果出现沉淀线，即为阳性。

【防治措施】 该病会引起肿瘤等器质性病变，发病后无治疗价值，且目前尚无有效的治疗方法，只能通过免疫接种进行预防，同时加强环境卫生，避免早期感染。首先引种时应从无马立克氏病种鹑场引进，防止垂直传播。接种马立克氏病疫苗，初生鹌鹑每只皮下注射马立克氏病液氮苗，每只0.2毫升。

（四）传染性支气管炎

本病是由禽腺病毒所引起的一种急性、高度接触性的呼吸道疾病。幼鹑以气喘、喷嚏、咳嗽和气管啰音为主要特征，成鹑主要表现为产蛋量和蛋品质下降。

【病　　原】　病原为禽腺病毒属的鹌鹑支气管炎病毒,有多种血清型。病毒对外界的抵抗力不强,常用的消毒剂如 0.01％高锰酸钾、70％酒精、1％来苏儿等都可以在 3 分钟杀灭病毒。

【流行特点】　该病常发生在雏鹑阶段,1 月龄以内最易感,常突然发病,传播速度快,发病率达 100％,病死率可超过 50％。病禽和带毒禽是主要的传染源,病毒随呼吸道分泌物排出体外,多以飞沫、尘埃形式直接侵入易感禽的呼吸道而传播开来,也可以通过被污染的饲料、饮水及各种饲喂设备而间接传播。该病具有极强的传染性,在 1～2 天内即可波及全群。雏鹑发病,成年后产蛋量可能会下降 30％。

【临床症状】　幼鹑发病急、传播迅速,会出现气喘、喷嚏、咳嗽、气管啰音等呼吸道症状,继而表现精神不振,畏寒扎堆,羽毛松乱,双翅下垂,闭眼昏睡,鼻窦肿胀,流水样或黏液状鼻液,流泪。病毒有时会造成母雏生殖系统永久性损害,以致成年后不产蛋。成年鹑感染后呼吸道症状不明显,生产能力严重下降,以产蛋率急剧下降、薄壳蛋和畸形蛋增多为主要特征,蛋的品质差,蛋清稀薄如水,蛋黄缩小并和蛋白分开。

【病理变化】　幼鹑可见鼻腔、鼻窦、气管及支气管黏膜充血水肿,有黏稠透明的液体或白色干酪样物,常常造成支气管狭窄或堵塞。肺脏淤血明显,气囊混浊。生殖系统无眼观病变。成年鹑的呼吸道的病变较幼鹑轻微得多,主要病变集中于生殖系统,输卵管发育迟缓或未发育,有的输卵管阻塞或部分闭锁,有的卵泡破裂流入腹腔,导致卵黄性腹膜炎。

【诊　　断】　根据流行特点、临床症状及病理变化,一般可做出初步诊断,确诊需经实验室做病毒分离和鉴定。实验室简易诊断方法是给雏鹑做接种试验:取典型病鹑的口、鼻、气管分泌物,以棉签蘸取少许,接种于健康雏鹑口腔黏膜上,经 24 小时,如出现与病鹑相同的症状,即为阳性。该病应注意与新城疫、慢性呼吸道病鉴别。

【防治措施】 该病目前尚无特效药物治疗,预防应从免疫接种和加强饲养管理两方面着手。接种疫苗是预防该病的主要措施。目前,通常使用通过鸡胚致弱的 H_{120} 苗和 H_{52} 苗,H_{120} 苗比 H_{52} 苗毒力弱,用于幼雏的基础免疫,可以滴鼻、点眼或饮水,H_{52} 苗用于较大日龄鹌鹑的加强免疫。种鹑应在开产前注射油乳剂灭活苗,以便使子代获得较高的母源抗体。鹌鹑场要严格日常消毒,应从没有疫情的鹑场购入鹑苗,采用全进全出和批间空置场舍的饲养制度。

(五)鹌鹑痘

本病是由鹌鹑痘病毒引起的一种急性、接触性传染病,其特征是在鹌鹑的无毛或少毛的皮肤上发生痘疹,或在鹌鹑口腔、咽喉部黏膜形成纤维素性坏死性假膜。

【病　　原】 病原是鹌鹑痘病毒,它属于痘病毒科、禽痘病毒属。该病毒大量存在于病鹑的皮肤和黏膜病灶中,在病变部位皮肤的表皮细胞或黏膜细胞胞浆内可形成圆形的包涵体。病毒对外界的抵抗力很强,在脱落的干燥痂皮中可存活数月,阳光照射数周仍可保持活力。在 60℃下加热 1.5 小时才能杀死,－15℃下保存多年仍然有致病性。病毒对消毒剂较敏感,1% 氢氧化钠、1% 醋酸可在 5～10 分钟内杀死病毒,甲醛熏蒸 1.5 小时也可杀灭病毒。在腐败的环境中,病毒很快死亡。

【流行特点】 各种年龄、性别和品种的鹌鹑都能感染,但是以青年鹌鹑多发。病鹑脱落和散布的痘痂碎屑是主要的传染源,病毒经皮肤和黏膜的伤口感染,但主要经蚊、蝉、虱等吸血昆虫在病鹑与易感鹑之间充当媒介传播病原。此外人员、物品和车辆等在病原的传播上也需引起重视。

【临床症状】 初期,身体无羽毛或羽毛稀少的部位出现凸起的灰白色小结节,逐渐增大呈灰黄色或灰褐色痘疹。有的几个小结节相互融合形成较大结节,凸出于皮肤表面。如果强行剥离痂皮,则皮肤上呈出血病灶;痂皮自然脱落,则留下平滑的白色瘢痕。有的表现眼肿、流泪、眼睑内充满干酪样渗出物。

【病理变化】 黏膜型鹌鹑痘在口腔、咽喉部等黏膜上出现溃疡,表面覆有纤维素性坏死性假膜。

【诊 断】 根据发病季节,病鹑脸部、其他无毛部分的结痂病灶,以及口腔和咽喉部的白喉样假膜基本可以确诊。

【防治措施】 预防本病可用鸡痘弱毒冻干疫苗预防接种,有蚊虫叮咬的季节需要接种。疫苗用专用稀释液稀释后,在翅膀内侧无血管处皮下刺种,20 日龄刺种 1 次,2 月龄再刺种 1 次。如果能够控制蚊虫,可以不接种,夏秋季节安装防蚊纱门窗,定期用 5%溴氰菊酯(每升水加 250～300 毫克)等喷雾灭蚊。发生本病尚无特效治疗药物,主要采用对症疗法,以缓解症状和控制继发感染。皮肤型禽痘一般不做治疗,也可用小镊子小心剥离痘痂,创面涂碘酊、红汞或紫药水。黏膜型禽痘可将咽喉部假膜用镊子剥离,然后用 1%高锰酸钾清洗,用碘甘油涂擦,以减少窒息死亡。在病禽的饲料中添加维生素 A、鱼肝油及抗生素等,有利于病禽增强抵抗力、促进创伤愈合和防止继发感染。

(六)慢性呼吸道病

本病是由禽败血霉形体(也称支原体)引起的一类慢性传染病。饲养管理条件差、通风不良、湿度大、饲养密度大是诱发该病的重要原因。该病特征是呼吸啰音、咳嗽、流鼻液、气喘。病情较长,死亡率不高,但有的鹑群高达 40%,严重影响生长发育和生产性能的发挥,给养鹑业造成重大损失。

【病 原】 病原为禽败血霉形体,无细胞壁,外形呈多样性,一般呈细小球杆状,具有缓慢的运动能力。本病原对外界环境抵抗力不强,离体后很快失去活力,一般消毒剂均可将其杀死。在20℃鹑粪中可生存 1～3 天,45℃12～14 小时死亡。

【流行特点】 鹌鹑对禽败血霉形体易感,病禽和带菌禽是本病的传染源,本病有直接接触和经卵传播两种传播方式,前者是感染鹑呼出的带有霉形体的气体经呼吸道传染给同舍、同笼的其他鹌鹑,也可通过污染的器具、饲料、饮水等将本病在不同鹑群之间传播;后者为病原经过感染母鹑的卵传染给下一代。

本病在禽群中的感染流行与环境因素关系密切,饲养密度过大,禽舍通风不良,舍内有害气体蓄积、饲料营养不足、长途运输等条件下,都可能诱发或加剧本病的发生。本病在老疫区传播缓慢,在新发病禽群中传播很快,病情严重。本病一年四季均可发生,以寒冷的秋、冬季多发。

【临床症状】 病鹑最常见呼吸道症状,尤其是幼鹑发病急、症状典型,表现为流鼻液,咳嗽,摇头打喷嚏,眼分泌泡沫状渗出物,眶下窦发炎肿胀,严重时眼睛睁不开。呼吸困难,有明显的呼吸啰音。病鹑精神沉郁,食欲不振,羽毛蓬乱,渐进性消瘦,有的失明,有的慢慢死亡。成年鹑感染后症状轻微不易察觉,仅有产蛋率下降和孵化率降低表现。

【病理变化】 病变主要出现在呼吸道,感染初期,可见鼻腔、鼻窦、气管、支气管中有较多的卡他性分泌物;随病程发展,气囊壁增厚、混浊,并出现黄色的干酪样渗出物,呼吸道黏膜水肿、充血,眶下窦内出现黏液性或干酪样渗出物。

【诊　断】 根据本病流行特点、临床症状和病理变化,可作出初步诊断。确诊必须依靠实验室检验,血清学检查是较为可靠、准确的方法,目前最常用的是全血平板凝集反应。

【防治措施】 预防本病,应从控制病原来源、加强饲养管理和定期检疫等几方面综合考虑。首先,禁止从患病的鹑场引种、购苗和购入种蛋。其次,要按照鹑群不同种类、日龄及时调整饲养管理程序,如适当的饲养密度,良好的通风,合理的温湿度,全价的配合饲料等,同时要将不同品种、日龄的鹌鹑分开饲养,执行严格的全进全出制度,要制定科学合理的免疫、保健及消毒程序。最后,对种禽要定期进行检疫,发现阳性者及时淘汰。种蛋在收集后、孵化前要严格消毒。

可以使用一些对霉形体有抑制作用的抗生素进行治疗,如土霉素、强力霉素、北里霉素、泰乐菌素、枝原净等,药物可以拌在饲料中或饮水中投服,也可通过肌内注射。由于霉形体易产生耐药性,治疗时每次用药剂量要足,疗程要够长,必要时可采用联合用药。

大群治疗时常用盐酸恩诺沙星,每升水加入 0.1 克,连用 5～7 天;土霉素按 0.03%～0.06% 混料喂饲,连用 5 天;四环素按 0.025%～0.05% 混料饲喂,连用 5 天。

(七)白　痢

本病是由鸡白痢沙门氏菌引起的细菌性传染病,是鹌鹑最常见的传染病之一。带菌的母鹌鹑产的蛋可垂直传播,孵化室若消毒不严格,会使白痢在孵化过程中水平传播。

【病　原】　病原菌为鸡白痢沙门氏菌,为革兰氏阴性小杆菌。本菌对热、化学消毒剂和不利环境的抵抗力较差,对各种抗菌药物敏感,但容易产生耐药性。

【流行特点】　本病主要危害雏鹑,造成发病死亡。病鹑和带菌鹑是主要的传染源,其排泄物以及病死鹑内脏、尸体、羽毛及其污染的用具都可以成为传播媒介。传播方式有水平传播和垂直传播 2 种,经感染的种蛋垂直传播是主要途径。

【临床症状】　症状与鸡白痢相比不明显。蛋内垂直感染的鹑胚大都在孵化过程中死亡,孵化率、出雏率和健雏率明显下降。可见刚出壳鹌鹑突然死亡而无明显症状,出生 3～4 天死亡较多。病鹑精神沉郁,闭目垂头,怕冷聚堆,两腿叉开,双翅下垂,食欲减退,排白色稀粪,肛门周围被白色粪便糊住。成鹑多为带菌者,或仅表现精神不振,间有腹泻,产蛋日龄推迟,产蛋量下降。

【病理变化】 剖检可见肠道出血、坏死,排白色恶臭稀粪。肝脏表面有针尖大小的坏死灶和条纹状出血。心、肝、脾等脏器见黄白色坏死灶或大小不等的灰白色结节。肠炎,十二指肠充血、出血严重,盲肠内常有干酪样物形成的"盲肠芯"。卵黄吸收不良,内容物变性。成鹑的病变主要在生殖系统,卵巢、卵泡变形变色,有些可见卵黄性腹膜炎和腹水症。

【诊　断】 明显发病的鹌鹑,依据其典型临床症状与病理变化可作出初步诊断。对于隐性或慢性感染产蛋鹑,采用白痢平板凝集试验可作出快速诊断。

【防治措施】 首先,引种时要从正规场引进,种鹑群要定期检疫,净化白痢,防止垂直传播。其次,应改善育雏环境,让雏鹑与粪便分离,育雏温度适宜,及时隔离淘汰病鹑。最后,坚持全进全出的饲养制度。

本病治疗要突出一个"早"字。可采用以下药物治疗:①链霉素,饮水,每天每只3 000单位,连用5～7天。②土霉素片剂或粉剂,混饲浓度0.04%,连喂5～7天。③诺氟沙星,混饲浓度0.01%,连用3～5天,内服,每次每千克体重10毫克,每天2～3次。④恩诺沙星,混饲浓度0.01%,混饮浓度0.005%,连用3～5天。

(八)溃疡性肠炎

本病是由肠道梭菌引起的一种急性传染病,病死禽以肝、脾坏死,肠道出血、溃疡为主要特征。该病最早发现于鹌鹑,因此也称"鹌鹑病"。

【病　原】 魏氏梭菌为革兰氏阳性大杆菌,该菌能够形成芽胞。通常经粪便传播,在土壤、垫料及被污染的粪便中可长期存活。

【流行特点】　主要经消化道传染,死亡率很高,4～12周龄的鹌鹑易感,苍蝇是本病的主要传播媒介。鹌鹑舍潮湿、饲喂变质腐败的饲料,会促进本病的发生。病鹑,特别是慢性病鹑是主要的传染源,鹑场一旦发病则很难根除。

【临床症状】　幼鹑常呈急性发作,无明显症状突然死亡,且死亡率极高,可达100%。病程稍长的可见病鹑精神沉郁,拱背、缩颈,食欲不振,动作迟缓,腹泻,初期排白色稀粪,以后转为绿色或淡红色,容易误诊为球虫病。粪便具有特殊的恶臭。病程超过1周,极度消瘦,死亡率很高。

【病理变化】　主要病变在肠道和肝脏。出血性肠炎,上段小肠黏膜充血、出血,下段小肠和盲肠除充血出血外,常有坏死和溃疡形成,严重者肠壁穿孔,引起腹膜炎。肝脏表面散布黄色或浅黄色斑点或不规则的坏死灶。脾肿大,有点状出血。

【诊　断】　根据发病情况、临床症状及病理变化可作出初步诊断。确诊需进行实验室诊断,取肠黏膜及肝脏部位的坏死病灶,用两张载玻片挤压病灶后,火焰固定,革兰氏染色镜检,可见革兰氏阳性大杆菌,个别菌体可见一端有芽胞,有芽胞的菌体比不产生芽胞的菌体粗长。

【防治措施】　加强饲养管理,注意做好日常管理和清洁卫生工作,杜绝使用发霉变质饲料。因为该病原菌能够形成芽胞,一般带鹑消毒很难奏效。发生本病要及时隔离病鹑,清除粪便,消毒笼具、承粪板。严格执行消毒措施。有些养殖户不用承粪板,上层粪便直接落到下层,会引起严重传播。对发生过该病的鹑舍和笼具采用火焰消毒效果最好。

该菌对氟苯尼考、泰乐菌素、甲砜霉素、盐酸林可霉素、链霉素、庆大霉素和环丙沙星敏感。将病鹌鹑隔离治疗,治疗方法如下:①链霉素2克(200万单位)溶于4升水中,连饮2～5天,或每

5 千克料中加入链霉素 0.6 克（60 万单位）。②按 10 升水加入 1 克甲砜霉素，自由饮水，严重个体单独挑出个别投药。杆菌肽饮水、拌料治疗。

（九）伤 寒

本病是由鸡伤寒沙门氏菌引起的一种鹌鹑败血性传染病，该病的传染源主要是带菌鹑，以消化道感染为主，也可经卵传播。主要特征是口渴体热，排黄绿色稀便，发病迅速，幼雏死亡率高。因此应及早作出诊断，及时用敏感药物治疗，才能减少经济损失。

【病 原】 鸡伤寒沙门氏菌是一种革兰氏阴性、两极浓染的短小球杆菌。本菌抵抗力不强，60℃10 分钟内或直射阳光下很快即被杀灭。2％福尔马林、0.1％苯酚、0.01％高锰酸钾及 0.05％升汞等普通消毒药能在 1～3 分钟将其杀死。病原菌在离开禽体后不能长期存活。

【流行特点】 本病无季节性，常呈散发性，有时也呈现地方性流行，在禽群中往往呈零星发生，很少全群暴发，病死率 20％～50％。老疫区的家禽抵抗力相对新疫区的要强。病禽和带菌禽是主要的传染源，其粪便内含有大量病原菌，可通过污染的土壤、饲料、饮水、用具、车辆和环境等进行水平传播，通过消化道和眼结膜传播感染。有报道认为老鼠、苍蝇可机械性传播本病。经卵垂直传播是本病的另一种重要的传播方式，可造成病原菌在禽场中连续不断地传播。

【临床症状】 病初鹌鹑表现为精神委顿，缩头闭眼，呆立一隅，食欲明显减退，饮欲增强；两翅下垂，羽毛蓬松；身体日渐消瘦，走路摇摆不定，病情严重的鹌鹑卧在笼底不起；腹泻，排出黄绿色或褐色稀薄粪便，有的还混有血液，并沾污了肛门周围的羽毛；眼结膜潮红，不时张口、甩头，呼吸困难，最后衰竭死亡，也有个别病例未见任何症状而突然死亡。

【病理变化】　剖检病死鹌鹑可见其嗉囊、肌胃以及肠道空虚；小肠黏膜弥漫性出血,大肠黏膜有出血斑,肠管间发生粘连,肠浆膜面有黄色油脂样附着物,有的盲肠出现土黄色奶酪样栓塞物;肝脏显著肿胀,呈暗黄绿色,质脆,表面有灰白色粟粒大的坏死点;胆囊肿大扩张,充满胆汁;脾脏肿大,表面有出血点;心肌表面有粟粒大的灰白色坏死结节,心包发炎,有积液;肌胃出血,腺胃乳头出血,水肿;卵黄吸收不全。

【诊　　断】　大肠杆菌病和禽伤寒是雏禽常见的传染病。二者鉴别:在临床上,患伤寒的病禽除可见到一般症状外,最典型的特征是排黄绿色稀便,并沾污肛门周围的羽毛;而患大肠杆菌病的病禽常突然死亡,无明显的临床症状。在病理变化上,患伤寒的病禽肝显著肿胀,呈古铜色,表面常有灰白色坏死点;而患大肠杆菌病的病禽则没有上述变化。

【防治措施】　加强饲养管理,搞好环境卫生,最大限度地减少外来病菌的侵入;采取净化措施,建立起健康种鹑群,消灭传染源;合理使用药物进行预防和治疗。防止老鼠等啮齿动物入侵鹑舍;控制昆虫,尤其是苍蝇(为环境中的沙门氏菌和其他禽病原的生存媒介);其他动物,例如犬和猫也可成为沙门氏菌的携带者,应使其远离鹑舍。注意饮用水的清洁和消毒。

在本病发生时,隔离病禽,焚烧或深埋尸体,严格消毒鹑舍与用具,用0.01%高锰酸钾溶液作饮水。其他治疗药物还有0.04%庆大霉素,0.2%氟苯尼考拌料,0.01%硫酸新霉素饮水,连用3～5天,7天后鹌鹑群基本达到痊愈。用磺胺二甲基嘧啶治疗,能有效地减少死亡。

(十)大肠杆菌病

本病是由致病性大肠杆菌引起各种禽类的急性或慢性传染病,临床上发生急性败血症、卵黄囊炎和脐炎、气囊炎、肝周炎、心包炎、肠炎、关节炎、肉芽肿、全眼球炎、输卵管炎及卵黄性腹膜炎等多种表现。

【病　　原】　为革兰氏阴性短小杆菌，不形成芽胞，有的有荚膜，一般有周鞭毛，大多数菌株具有运动性。本菌对外界环境的抵抗力一般，对物理和化学因素较敏感，一般消毒药液均能将其杀死。本菌分为多种血清型，极易产生耐药性，通过药敏试验筛选药物是防治本病的重要步骤。

【流行特点】　各种龄期鹌鹑均可感染发病，而幼鹑发病后病情更为严重，发病率和死亡率也较高。本病可因饲料和饮水被污染而经消化道感染，也可经呼吸道、污染的种蛋等传播，此外鹑舍阴暗潮湿、通风不良、环境卫生差等不良因素或其他疾病导致机体抵抗力低下时，可诱发和促进本病的发生。本病一年四季均可发生，但以冬末春初较为多见，对于一些环境已被严重污染的鹑场，可能随时发生。

【临床症状】　本病临床上的表现极为多样化。急性败血型，一般不显症状而突然死亡；部分病禽精神沉郁，羽毛蓬乱，食欲减退或废绝，排黄白色稀便，肛门周围被污染；卵黄性腹膜炎型主要发生于产蛋期母鹑，腹部膨胀或下坠，腹泻。卵黄囊炎或脐炎型，主要发生于孵化后期的胚胎和1～2周龄的幼雏。关节炎型，以幼雏、中雏多发，一般呈慢性经过，病鹑关节及足垫肿胀、跛行，触之有波动感。全眼球炎型，病禽眼睛全灰白色，角膜混浊，眼前房积脓，常会导致失明。

【病理变化】　剖开腹腔常可闻到一种特殊的臭味，胸肌充血。肠黏膜充血、出血，心包肥厚混浊，附有大量纤维素性渗出物（心包炎）；肝肿胀，有白色坏死斑，且表面覆有白色的纤维素性物质（肝周炎）；气囊壁增厚，气囊混浊，有干酪样物附着（气囊炎）；脾肿大，呈暗红色；成年鹑腹腔内有多量卵黄样渗出物（卵黄性腹膜炎）；卵泡变形、变性、变色或破裂；输卵管内常可见条索状干酪样物。

【诊　断】　根据临床症状与病理变化可作出初步诊断。对成鹑应注意与白痢鉴别。必要时可进行病原菌的分离与鉴定。

【防治措施】　严格执行鹑场的兽医卫生防疫制度,搞好日常的卫生消毒工作,要保证饲料新鲜及饮水的清洁,对种蛋要及时消毒,孵化室和育雏室在使用前要用甲醛熏蒸消毒,场内污物及时清除。大肠杆菌对多种抗生素、磺胺类药物均敏感,但容易产生耐药性。因此,应对病料做分离培养后进行药敏试验,筛选敏感药物治疗。常用的药物有氟苯尼考、庆大霉素、环丙沙星、诺氟沙星、敌菌净等。

(十一)曲霉菌病

本病属真菌病,主要侵害家禽呼吸系统,病禽表现咳嗽、气喘,呼吸道(尤其是肺、气囊)发生炎症和肉芽肿结节。该病多呈急性暴发流行,发病率和死亡率都很高。

【病　原】　本病的病原是曲霉菌属的烟曲霉菌,其孢子在外界环境中分布较广,如稻草、麦秸、垫料、谷物、木屑、发霉饲料,以及墙壁、地面、用具、水和空气中都可能存在,在适宜环境下就可以繁殖。烟曲霉为需氧真菌,生长能力强,易分离,在马铃薯培养基上经 10～12 小时培养,可生长霉菌菌落。霉菌孢子对外界环境抵抗力强,120℃干热 1 小时,或者 100℃沸水煮 5 分钟才能杀死。一般消毒药,如 2% 甲醛 10 分钟,3% 苯酚 1 小时,3% 氢氧化钠 3 小时,只能使孢子致弱。

【流行特点】　鹌鹑产蛋率徘徊不前,无产蛋高峰,零星死亡。养殖户多以大肠杆菌病、禽伤寒和禽结核病进行治疗,没有任何效果,死亡率持续升高到每天 1% 左右,严重可达 1.5%。从发病季节来看,夏秋多雨季节发病较为集中。调查发现该病与饲养环境有较大关系,鹑舍设计不合理、通风不良,有的利用旧房舍改造,加上饲养密度过大、闷热,引起饲料霉变,通过消化道感染。

【临床症状】 鹑群中出现精神沉郁,两翅下垂,羽毛松乱,缩头闭目,不愿走动个体。表现明显的呼吸道症状,早期出现甩鼻、打喷嚏、呼噜等症状,随着病情发展出现呼吸困难,张口伸颈呼吸。病鹑粪便稀薄,颜色呈黄绿色或黑褐色,污染泄殖腔周围羽毛。个别病鹑出现神经症状,共济失调,头颈向后屈曲,站立不稳,1~3天后衰竭死亡。个别病例发生曲霉菌性眼炎,眼睑水肿,分泌物增多,眼睑粘连,失明,眼球外突。

图 7-1 肺部和气囊的霉菌结节

【病理变化】 病死鹌鹑消瘦,皮下肌肉脱水,无光泽。肺部淤血,肺与气囊早期形成小米粒大结节;后期气囊壁增厚,气囊上形成串珠样或单个有包膜的干酪样物(图 7-1,图 7-2)。有个别病死鹌鹑的肝脏、肾脏、肠系膜、输卵管系膜上干酪样物直径达 1~3 厘米,切开呈黄白色豆腐渣样。病死鹌鹑肌胃糜烂,肠道黏膜脱落,肠系膜、胰脏增生,肾脏肿大,输尿管内积有白色尿酸盐,并伴随着卵黄性腹膜炎。个别出现曲霉菌脑炎。

【诊　断】 取病死鹌鹑气囊结节或肺病变

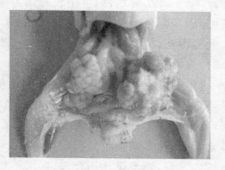

图 7-2 气囊形成的干酪样物

组织置于载玻片上，滴加 10％氢氧化钾溶液 1～2 滴，在酒精灯上略加热，然后轻轻压上盖玻片置于显微镜下观察，可见明显的分枝状间隔菌丝或分生孢子。分离培养需无菌采集肺部、气囊的结节或干酪样物接种于沙堡弱氏培养基，置于 36℃ 培养箱中，36 小时后长出灰白色的菌落，有霉味，72 小时后颜色逐渐变为暗绿色丝绒状。取培养物进行显微镜检查，可见到分隔菌丝特征的孢子柄和孢子，确诊为烟曲霉菌。

【防治措施】　控制该病要严把饲料原料关，避免使用发霉玉米、花生粕等原料配合饲料，在饲料的贮存、运输过程中避免受潮，夏季在饲料中添加防霉剂有很好的效果。另外要注意饲养环境的改善，鹑舍通风要良好，降低饲养密度，加强卫生消毒工作特别重要。不使用发霉变质饲料，夏季饲料中加入脱霉剂有很好的预防效果。

淘汰瘦弱、张口呼吸的病鹑，全群用制霉菌素拌料，每只 5 000 单位，连用 5 天后改为每只 3 000 单位，再用 4 天。同时硫酸铜按 1∶2 000 比例每天饮水 3～4 小时，连用 3 天。

(十二)巴氏杆菌病

本病又称禽霍乱、禽出败，是由多杀性巴氏杆菌引起的多种家禽、野鸟发生的一种急性或亚急性传染病，常呈地方性暴发流行，有时发病率和死亡率都很高。各龄期的鹌鹑都有易感性，但育成鹑和产蛋鹑的易感性更高。

【病　原】　为多杀性巴氏杆菌，革兰氏阴性、无鞭毛、不运动、不形成芽胞的卵圆形短小杆菌，少数近似球形，多呈单个或成对存在。在组织、血液和新分离培养物中的菌体呈明显的两极着色。巴氏杆菌对各种理化因素和消毒药的抵抗力不强，在直射阳光和干燥条件下，很快死亡。对热敏感，加热 56℃ 15 分钟、60℃ 10 分钟可被杀死。对酸、碱及常用的消毒药很敏感，5％～10％生石灰水、1％漂白粉、1％氢氧化钠、3％～5％苯酚、3％来苏儿、0.1％过氧乙酸和70％酒精均可在短时间内将其杀死。

【流行特点】 巴氏杆菌是条件性致病菌，在健康家禽的呼吸道中就有此菌的存在，但一般并不发病。当饲养管理不善，卫生状况不佳，营养成分缺乏，气候及环境突然改变或其他各种应激因素导致机体抵抗力降低时，即可诱发本病。如夏季天气炎热，鹌鹑采食量急剧减少而造成体质下降时会发生。平时不注意舍内外环境的卫生消毒也是造成发病的重要原因。

【临床症状】 最急性者可无明显症状而突然死亡。病鹑精神委顿，羽松，嗜睡，食欲下降，腹泻，排灰白色稀粪，产蛋鹑产蛋停止。病程短促，几小时至1～2天。

【病理变化】 皮肤有散在的出血斑点。皮下组织、腹膜及腹部脂肪有出血小点。肝脏肿大，质变脆，呈棕色，表面有针尖大的灰白色坏死点。脾脏出血。整个肠道均呈不同程度的卡他性、出血性肠炎病变，十二指肠出血明显。心包液增多，心膜及心房、冠状沟有出血斑点。肺充血。

【诊　断】 根据临床症状、病理变化，可作出初步诊断。确诊需实验室诊断：取病死鹌鹑肝组织涂片，美蓝染色，镜检，检出短椭圆形两端浓染小杆菌。无菌操作采取病死鹌鹑的肝脏、脾脏，接种于鲜血琼脂培养基、血清琼脂培养基和麦康凯培养基上，37℃恒温培养24～48小时，在鲜血琼脂培养基上可见到圆形、湿润、光滑、露珠样、不溶血的典型细小菌落；在血清琼脂培养基上生长出的菌落，在45°折光检查时可见到典型的荧光；在麦康凯培养基上不生长。分离菌经革兰氏染色后镜检，见到大量革兰氏阴性的细小杆菌，即可确诊。

【防治措施】 该病是一种高度致死性的烈性传染病，一旦暴发流行将可能造成很大的经济损失，因此，必须认真做好各项预防工作。除一般性综合防疫措施外，疫区应坚持接种禽霍乱菌苗，同时密切注意本地区各禽类养殖场的疫情动态,严格做好隔离消毒和生物安全工作。流行地区可用本场分离物制备的灭活菌苗进行免疫接种,结合药物预防,常能收到良好的防治效果。多种抗菌药物,如链霉素、土霉素、四环素、新霉素、庆大霉素等抗生素,磺胺嘧啶、磺胺二甲嘧啶等磺胺类药物,对本病都有治疗和预防作用。用0.1%过氧乙酸对鹌鹑舍、用具进行全面彻底消毒,连续消毒3天。

(十三)球 虫 病

本病是鹌鹑常见的寄生虫病,对养鹑业造成的经济损失较大。鹌鹑笼养有承粪板时球虫病相对少发,但半阶梯式产蛋笼,下层笼容易受到上层笼粪便污染,再加上有些鹌鹑有相互啄肛的恶习,为球虫病的传播造成有利条件。

【病　原】　本病由艾美耳属的多种球虫引起。其为细胞寄生性原虫。鹌鹑感染球虫卵囊,孢子在肠道中游离出来,钻入肠道上皮细胞,发育成裂殖体,释放裂殖子。裂殖子再进入肠壁上皮细胞内发育成裂殖体,反复几次后,使肠壁严重损坏,肠道出血。

【流行特点】　各龄期的鹌鹑均有易感性,幼鹑的易感性最高。在生产中主要危害60日龄左右的鹌鹑,常造成一个笼中单层大批死亡,排红褐色粪便或粪便中带血。幼鹑受球虫侵袭后,可表现明显的临床症状和呈急性经过,死亡率高达30%～50%。而成鹑多为慢性,死亡率低。球虫卵囊通过粪便排出体外,污染环境,在适宜的温度和湿度下,健鹑被感染后有可能发病。

【临床症状】

①急性型　在感染3～4天后开始出现症状,鹌鹑精神沉郁、呆立、饮食减退、排稀粪,随后出现缩颈、呆立、两翅下垂、反应迟钝,排褐色或红色糊状恶臭粪便,重者排血便,肛门周围羽毛被排泄物污染而粘在一起。随着病情发展,多数病例现神经症状,两翅轻瘫,两脚外翻或直伸或定期痉挛收缩。严重者卧倒不起,最后衰

竭死亡。

②慢性型　多见于 3 月龄以上的成年鹌鹑。症状与急性型相似,但不明显。病程长,逐渐消瘦,产蛋率下降,并伴有间歇性腹泻,死亡率低。

【病理变化】　可视黏膜苍白,体况消瘦。病变主要见于肠道。剖检后常见小肠、盲肠肿胀,肠壁有点状、斑状出血,呈暗红色。直肠及直肠黏膜有出血斑、臌气,部分坏死,内容物混有血液。空肠后段及回肠弥漫性充血、出血,肠黏膜增厚,有坏死灶,肠内容物似血样。

【诊　断】　对急性球虫病,根据鹑群排血便、盲肠出血、小肠有点状出血与坏死等临床症状及病理变化可作出较明确的诊断;对慢性球虫病,需用显微镜检查粪便有无球虫卵囊及其数量多少,综合临床症状与病理变化作出确诊。

【防治措施】　病鹑和带虫者是本病的主要传染源,从外地引进种鹑,需要进行产地检疫,隔离一段时间后才能进入生产区。搞好鹑舍、笼具的清洁卫生,料槽、用具及污染处用热碱水消毒,笼具可用火焰消毒。加强饲养管理,搞好环境卫生。及时清理粪便,收集于粪池,进行生物热灭虫。加强饲养管理,供给雏鹑富含维生素的饲料,以增强其抗病力。成鹑与幼鹑分开饲养,育雏室、用具、垫布、垫草要及时更换、消毒。发现病雏及时隔离和治疗。

药物防治:①氨丙啉,每千克饲料加入 500 毫克,混饲,连用3～5 天,产蛋期禁用。②尼卡巴嗪,每千克饲料加入 500 毫克,混饲,连用 3～5 天,休药期 4 天。③氯苯胍,每千克饲料加入 300～600 毫克,混饲,连用 3～5 天,休药期 4 天。④复方敌菌净,30 毫克/千克体重,口服,每天 1 次,连用 7 天。⑤盐霉素,按 0.005％混饲,从 15 日龄喂至 60 日龄。

(十四)组织滴虫病

本病也称盲肠肝炎或黑头病,是由变形鞭毛虫科的火鸡组织滴虫寄生于禽类盲肠与肝脏而引起的一种原虫病。火鸡组织滴虫能引起多种禽类感染发病,如火鸡、鸡、雉鸡、珍珠鸡、鹌鹑、孔雀等,以禽类肝脏坏死灶和盲肠溃疡为特征。该病的主要传播媒介为异刺线虫,多见于接触粪便的禽类。

【病　　原】　组织滴虫属鞭毛虫纲、单鞭毛科。在盲肠寄生的虫体呈变形虫样,直径为5～30微米,虫体细胞外质透明,内质呈颗粒状,核呈泡状,其邻近有一生毛体,由此长出1～2根细的鞭毛。对外界的抵抗力不强,不能长期存活。

【流行特点】　该病主要是病鹑排出的粪便污染饲料、饮水、用具和土壤,通过消化道而感染。异刺线虫虫卵是组织滴虫的主要传播媒介,组织滴虫对外界的抵抗力不强,当盲肠内的组织滴虫侵入异刺线虫卵内,随粪便排出时,抵抗力增强,一般存活半年以上。鹑舍潮湿、饲养密度大、通风不畅等环境条件都可促进该病的流行和加重病情。因此,本病应以预防为主,加强饲养管理,及时清除粪便,加强消毒,防止病原污染饲料和饮水,保持鹌鹑舍内干燥、通风对控制该病具有重要作用。

【临床症状】　本病的潜伏期一般为15～20天。病鹑精神委靡,羽毛松乱,食欲不振,缩头,排绿色稀粪,个别粪便带有血液,死亡数不断增加,采食量和产蛋量逐渐下降。

【病理变化】　剖检病死鹑可见肝脏肿大、质脆,表面有不规则或环形的淡黄绿色或黄白色病灶,边缘稍隆起,单个或几个相连,常围绕其中一个形成同心圆状;肺脏、肠系膜也偶有白色圆形坏死灶;盲肠肿大,充满浆液性和出血性物,肠内凝固物(肠芯)呈同心圆层状排列,中心为暗红色,外周呈淡黄色,有个别盲肠壁充血或点状出血。

【诊　　断】　取新鲜盲肠黏膜病变处刮取物,用 40℃适量生理盐水稀释制成压滴标本,镜检可见圆形或卵圆形呈钟摆样来回运动的虫体。同时取肝组织触片,姬姆萨氏染色,镜检可见呈单个或多个近圆形虫体。根据临床症状、病理变化及镜检结果,可确诊。

【防治措施】　加强饲养管理与环境消毒,鹑舍保持干燥、通风,发现病死鹌鹑及时深埋处理。药物防治:卡巴肿,混饲,预防量 150～200 毫克/千克,治疗量 400～800 毫克/千克。有腹泻症状者配合乳酸环丙沙星饮水,连用 7 天。同时在饮水中添加维生素 K_3 和维生素 A,连用 3 天。左旋咪唑,拌料,每千克体重 25 毫克,连用 2 天,驱除体内异次线虫。

(十五)痛风病

本病又称禽尿酸盐沉积症,是由于嘌呤核苷酸代谢障碍,尿酸盐形成过多或排泄减少,在体内形成结晶并蓄积的一种营养代谢病。尿酸盐主要在关节、软骨、胸腹腔和各种脏器表面和其他间质组织沉积,临床上以病鹑行动迟缓、腿与翅关节肿大、跛行、厌食、衰弱、腹泻为特征。

【病　　因】　此病主要是因为养殖户急于提高鹌鹑产蛋率,在饲料中添加了大量鱼粉等动物性蛋白质饲料,导致蛋白质含量过高引起的蛋白质代谢障碍。

【临床症状】　病鹑羽毛松乱,饮食减少,腹泻,粪便白色,肛门周围常黏附多量白色尿酸盐,虚弱,关节肿胀。重症者精神沉郁,食欲废绝,部分嗉囊高度肿胀,口流出少量淡黄色或无色稍混浊液体。消瘦,贫血,羽毛无光泽、蓬乱、脱毛,排含大量白色尿酸盐、呈淀粉糊样白色稀粪,爪干裂脱皮,关节肿大变硬,跛行或蹲坐,部分关节破裂,排出灰黄色干酪样物,局部形成出血性溃疡。有的突然死亡。

【病理变化】　关节周围出现软性肿胀,切开肿胀处,有大量灰白色脓液流出,关节周围的组织由于尿酸盐沉着而呈白色。在心脏、肝脏、肠道、肠系膜、腹膜的浆膜上有大量淀粉样尿酸盐沉积，严重者形成一层白色薄膜。肾脏肿大，颜色变淡，质脆，有大量尿酸盐沉积；肾实质有白色坏死灶；两条输尿管肿胀，其内充满大量白色的尿酸盐。严重者形成尿结石。呈圆柱状。

【诊　断】　根据病因、病史、特征性症状和高蛋白质饲料、病理学检查结果可作出初步诊断。必要时采病禽血液检测其尿酸含量，以及采取肿胀关节的内容物进行化学检查，呈紫尿酸铵阳性反应。显微镜观察见到细针状尿酸钠结晶或放射状尿酸钠结晶，即可进一步确诊。

【防治措施】　科学配比日粮，特别是蛋白质含量要适当，注意氨基酸平衡，动物性蛋白质（鱼粉、肉骨粉等）不要过高；严禁滥用药物，特别是能引起肾脏蓄积性中毒的药物，如磺胺类、链霉素和庆大霉素等；避免出现维生素 A、维生素 D 不足。

治疗可用下列药物：阿托方（苯基喹羟酸），0.05％～0.1％拌料，连用 3 天，隔 2 天再用 3 天。可加速尿酸排泄，减少体内尿酸盐蓄积，缓解关节疼痛，效果显著。肾康（复方中草药，主要成分为金钱草、猪苓、滑石、茯苓、川芎、车前草、大黄等），按 0.5％拌料混饲，连用 5 天。复方补液盐（氯化钠 3 克，氯化钾 1.5 克，碳酸氢钠 2 克，葡萄糖 20 克，维生素 C 200 毫克加温水 1 000 毫升），饮水，连用 5 天。

（十六）啄　癖

鹌鹑在饲养过程中，如饲养密度过高，管理不善，很容易发生啄蛋癖、啄羽癖、啄肛癖等啄癖现象，严重影响鹌鹑的生长发育与产蛋。其中，产蛋期鹌鹑群啄肛最常见，易互相模仿，引起群发，造成严重的伤亡。啄癖具有成瘾性，治愈较困难，生产中应以预防为主。

【病　因】　长期使用营养不平衡的饲料，特别是微量元素、氨基酸缺乏;光照强度过高,如鹑舍窗户过大,自然光直射栏舍,均会诱发啄肛。目前半开放式(有窗鹑舍)养鹌鹑较多,啄癖会随季节变化而规律性发生:春季自然光强度增大,光照时间长,阳光直射舍内,长时间强光刺激;秋末冬初,树叶凋落,阳光仍旧直射鹑舍均可引发啄肛。热应激,尤其是用石棉瓦等搭建的简易鹌鹑舍,因隔热能力太差,夏季骄阳似火,舍内长时间高温,可引发啄肛。多种原因引发输卵管炎,致难产,使泄殖腔外翻时间过长,导致其他鹌鹑攻击。

【临床症状】

(1)啄肛 患鹑脱肛,肛门破损出血,会受到其他鹌鹑攻击,严重出血,泄殖腔及肛门发炎,或发生溃烂,病鹑疼痛不安,直至死亡。

(2)啄羽 患鹑神态不安,时而啄自身羽毛,时而啄其他鹑的羽毛,甚至背部、尾部羽毛被其他鹌鹑啄光,皮肤裸露、出血。

(3)啄蛋 母鹑产蛋后,自己立即啄食,或被其他鹑啄食,尤其产薄壳蛋或软壳蛋时,抢食更为严重。

【诊 断】 根据临床症状(羽毛生长不良,躯体羽毛脱落,尾根部、背部体表有损伤、出血,产蛋期啄肛引起死伤)可以作出诊断。

【防治措施】 及时断喙,一般在15~20日龄进行,上笼至开产前发现个别鹌鹑喙过长时可再次补断。供给全价配合饲料,保证蛋白质、氨基酸、维生素的营养平衡。建立科学合理的光照制度,避免24小时连续光照制度,每天16~17小时恒定光照即可,光照强度以不影响采食即可。开放式及半开放式鹌鹑舍,窗户一侧鹌鹑笼适当遮光,避免强光直射到鹌鹑群上。鹌鹑舍在建造时要求保温隔热性能好,高温季节保证不断水。

定时观察鹌鹑群,及时挑出被啄的鹌鹑,被啄严重者淘汰,轻者伤口处涂紫药水。饲料中加1%~1.5%生石膏,连用10天。

对啄蛋鹑要保证供给全价饲料,日粮中添加适量蛋氨酸、骨粉或贝壳粉、微量元素添加剂。饲料中注意补充动物性蛋白质饲料,如鱼粉、血粉等。

(十七)维生素 A 缺乏症

本病是由于日粮中维生素 A 及胡萝卜素供应不足或消化吸收障碍所引起以皮肤和黏膜上皮角化不全或变质、生长发育受阻、干眼病、夜盲症、产蛋率和孵化率降低、胚胎畸形等为主要特征的一种营养代谢性疾病。维生素 A 只存在于动物性饲料中,植物性饲料里则以维生素 A 的先体(胡萝卜素)的形式存在,吸收后在肝脏可转变成维生素 A。生产中广泛应用的是人工合成的维生素 A。

【病　因】　长期饲喂缺乏维生素 A 和胡萝卜素的饲料。饲料贮存时间过长、烈日暴晒、高温处理或贮藏温度过高、被雨淋、发霉变质等,尤其是在维生素 E 缺乏的情况下,均可使其中的脂肪酸败变质,加速饲料中维生素 A 类物质的氧化分解。鹌鹑患肝、肠疾病时,使维生素 A 和胡萝卜素的吸收、贮存和转化发生障碍。种鹌鹑维生素 A 缺乏可直接影响胚胎的发育和雏鹑的健康,这是雏鹑先天性维生素 A 缺乏的主要原因。饲料脂肪含量不足会影响维生素 A 类物质在肠中的溶解和吸收。

【临床症状】　产蛋前后备鹌鹑易发病。病雏主要表现精神委顿,食欲不振,软弱无力,姿势异常,运动失调,羽毛松乱,生长缓慢,消瘦。病情发展到一定程度时会出现流泪,眼睑内有干酪样物质积聚,常将上下眼睑粘在一起,角膜混浊不透明,严重者角膜软化或穿孔,半失明或完全失明。鼻孔内充满黏稠的鼻液,呼吸困难。后期有些病鹑出现阵发性神经症状,歪头,圆圈运动,扭头并后退和惊叫,此症状发作的间隙期尚能采食。

【病理变化】　病鹑口腔、咽喉、食管黏膜上皮角化脱落非常明显,似散布有许多灰白色小结节或覆盖一层白色的豆腐渣样的薄膜,剥离后黏膜完整并无出血溃疡现象。呼吸道黏膜被一层鳞状角化上皮代替,鼻腔内充满水样分泌物,液体流入副鼻窦后,导致一侧或两侧颜面肿胀,泪管阻塞或眼球受压,视神经损伤,严重病例角膜穿孔。肾呈灰白色,肾小管和输尿管充塞着白色尿酸盐沉积物,心包、肝和脾表面也有尿酸盐沉积。

【诊　断】　根据饲料分析,结合眼病及视力障碍、上皮角化、神经症状等临床特征可作出初步诊断。用维生素 A 试验性治疗效果显著,可确诊。

【防治措施】　平时应注意日粮中维生素 A 与胡萝卜素的含量,及时治疗肝胆和慢性消化道病。发病后首先要消除致病病因,同时对病禽用维生素 A 治疗。维生素 A 的量要添加到日维持量的 10～20 倍。对于大群发病鹌鹑,可在每千克饲料中拌入 2 000～5 000 国际单位维生素 A,对于慢性病例不可能完全康复,应尽早淘汰。由于维生素 A 不易从机体内迅速排出,注意防止长期过量使用引起中毒。

第八章　鹌鹑产品的加工与销售

一、鹌鹑蛋的加工与销售

(一)鹌鹑鲜蛋的挑选与包装

1. 鹑蛋的挑选　每次收蛋后要精心挑选,分类销售。适合包装销售的优质鹑蛋,要求蛋壳为灰白色,上有红褐色或紫黑色的斑点和小斑块,色泽鲜艳,外形美丽,蛋壳结实,蛋形正常,蛋重在10～13克,蛋黄深黄色,蛋白黏稠浓厚。在大批鹑蛋中有时出现少量其他颜色的蛋和软壳蛋、畸形蛋,应和破损蛋一起加以剔除,不要包装出售,如果出现大量的低质量蛋或软壳蛋时,要检查饲料中维生素的含量和矿物质平衡问题。

2. 鹑蛋的包装　鹑蛋蛋壳较薄,容易破损,因此要轻拿轻放,要注意包装,可以采用特制的蛋盒包装(图8-1),蛋盒分两打装(24枚)与一打装(12枚)2种。前者每盒蛋约重250克,后者约重125克。蛋盒用硬纸板做成,内分小格,每格放一鹑蛋,相匀隔开,以免碰撞。这种包装既便于计数、携带,而且外形美观,很受顾客欢迎。运输时,两打装蛋盒,每30盒装一大纸箱,每箱放蛋720枚。这种包装蛋盒成本较高。为了降低包装成本,鹑蛋可以直接装入瓦楞纸箱,箱底垫一层塑料充气薄膜,箱内用小硬纸条分成许多小格,每格放蛋一枚,每层放鹑蛋144枚,上隔一层瓦楞纸,层层叠放,使鹑蛋不致相互碰撞,共叠7层,一箱可放鹑蛋1 008枚,往返运输鹑蛋也可利用木箱或纸板箱,底铺一层稻壳,上放一层鹑蛋,撒上

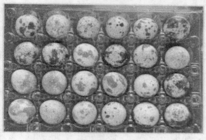

图 8-1　鹌鹑蛋包装

一层木屑或稻壳再放一层鹌蛋,层层间隔,以防运输途中的破损。

(二)鹌鹑蛋的加工

1. 五香鹌鹑蛋软罐头的加工

(1)工艺流程　原料验收→清洗→预煮→冷却→碎皮→剥皮→卤制→沥干→烘干→装袋封口→高温灭菌(反压)→冷却→保温试验→检验→装箱→成品。

(2)操作要点

①定点收购　成品率与蛋的新鲜度有直接关系,鹌鹑蛋稍不新鲜,剥壳破损率很高。所以,定点收购可保证蛋的新鲜度。

②预煮　将鹌鹑蛋放于水中,加热至 90～95℃,保持 2 分钟,迅速放入水中冷却。

③软皮剥壳　将冷却好的鹌鹑蛋放在振荡机内振荡 1 分钟,将蛋壳破碎,然后剥壳。

④卤制　将桂皮叶、陈皮、花椒、八角、甘草、沙姜、月桂叶和罗汉果叶加水,加热至 100℃,保持 30～40 分钟,用 100 目滤布过滤,将卤汁加入酱油、食盐、食糖、味精、黄酒、少量醋,放入已剥皮鹌鹑蛋,于 90～95℃煮 10 分钟,停火 30 分钟煮 20 分钟,停 2 小时,再煮 10 分钟。捞起放在筛网上,自然沥干水分。

⑤烘干　将鹌鹑蛋放入烘炉内,于 60℃烘 20 分钟,使其表面干爽。

⑥装袋封口　包装材料采用聚酯尼龙聚丙烯膜,每 10 只 1 袋。封口要求真空度为 0.08 兆帕,压力过高,蛋容易渗出水分,过低则灭菌时包装袋会胀裂。

⑦高温灭菌　包装后的鹌鹑蛋的灭菌,118℃下,15～20 分钟。

(3)质量指标

①感官指标　蛋体色泽呈浅棕色。蛋体组织形态基本完整,允许有小破损。具有卤制品香味及蛋品滋味,无异味。

②理化指标　每袋产品≥75 克,食盐含量为 1.8％～2％。

③微生物指标　应符合罐头食品无菌要求。

④保质期　25℃以下保质期为 6 个月。

(4)注意事项　①原料的新鲜度很重要,应选用产期 3 天内的蛋,而且贮存温度要低。②预煮时间不必过长,让蛋白刚好凝固,以便卤汁容易渗透。③卤制时反复停煮,目的是节约能源,让其慢慢渗透。④卤制后取出蛋品时,必须从夹层锅边下用具,否则会把蛋破坏。⑤烘干蛋品的目的是使蛋表面干爽,若过分烘干,则口感过硬,不适宜老人和小孩食用。⑥灭菌时将袋竖起单层放入灭菌车内,否则成品形状不佳。

2. 鹌鹑皮蛋的加工　鹌鹑皮蛋(图 8-2)外观玲珑精致,色彩斑斓,剥壳后松花纹理清楚,幽香宜人,清爽适口,味道鲜美,营养丰富,食之不腻,容易消化,实为馈赠佳品、宴席珍肴。

(1)配料　鹌鹑蛋 10 千克,沸水 10 千克,生石灰 2 千克,纯碱 0.8 千克,食盐 0.3 千克,红茶末 0.2 千克,硫酸铜 12 克,硫酸锌 12 克。

(2)料液调制　先将纯碱、红茶末放入缸底,然后将沸水倒入缸中,随即放入硫酸铜、硫酸锌,充分搅拌后逐渐放入生石灰,最后

图 8-2　鹌鹑皮蛋

加入食盐,搅拌均匀,放凉待用。

（3）验料　有条件的地方可采用酸碱滴定法测定料液中氢氧化钠的浓度（5%～6%）。也可采用蛋白凝固试验法,先在烧杯或碗中加入 5 毫升料液上清液,再加入蛋白 5 毫升,不要搅拌,15 分钟后观察蛋白是否凝固:若凝固,1 小时后蛋白化为稀水,表明料液碱度合适;若不凝固,表明料液碱度低,不宜使用;如在 30 分钟左右蛋白化为稀水,表明料液浓度过大,也不宜使用。碱度过高和过低可分别用茶水和碱调整。

（4）装缸　将挑选合格的鹌鹑蛋装入缸中,用竹篦子撑封,以防蛋体上浮,将备好的料液倒入装蛋的缸内,以淹没蛋体为度,然后用双层塑料薄膜将缸口密封,在 15～20℃环境下浸制成熟。

（5）浸泡期管理　浸制期间必须注意温度的变化,最适宜的温度为 20℃;仔细检查缸体是否渗漏;浸制初期不得移动缸体,否则会影响凝固;浸制期间从第七天开始,每隔 7 天抽样检查皮蛋的变化和品质情况。第七天时化清结束,蛋白开始凝固;第十四天蛋白凝固、有弹性并上色;第二十一天蛋白凝固、有弹性、光洁,呈墨绿色,基本成熟。

（6）出缸及涂膜包装　皮蛋成熟后,小心捞出,将皮蛋用料液的上清液洗净,放入塑料筐内,置于通风阴凉处晾干。常规品质检验后,用液体石蜡或固体石蜡等作涂膜剂,喷涂在皮蛋上,待晾干后,再封装在塑料盒或塑料袋内上市销售。

3. 鹌鹑咸蛋的加工　鹌鹑咸蛋蛋白细嫩,蛋黄红润,富含油脂,咸度适宜,细滑爽口,保质期长,食用卫生、方便。

(1)鹑蛋挑选　腌制鹌鹑咸蛋要挑选个大、新鲜的鹑蛋,保证蛋黄系带的完整性。保存期过长的鹑蛋会漂浮于腌料溶液,影响腌制效果。蛋壳品质要好,剔除裂纹、破壳蛋、软壳蛋、白壳蛋、茶色蛋,严重粪便污染的也要挑出,避免污染其他蛋品。

(2)腌料配制　每1千克鹑蛋需要食盐80～100克,五香咸蛋还需要八角10克,花椒8克,小茴香10克。将食盐与香料放入沸水中煮10～15分钟,放凉后备用。水用量根据腌制容器,需完全浸泡煮鹑蛋。

(3)鹑蛋清洗　将挑选好的鹑蛋轻轻放入大盆中,先用清水浸泡20～30分钟,使蛋壳表面的脏污彻底溶解,发现漂浮的鹑蛋要剔除掉。再用流水冲洗干净备用。

(4)装坛　将清洗好的新鲜鹑蛋轻轻放入腌制容器中(小口坛较好),注意不要装满,大概占到容积的4/5即可,留有一定空间盛放腌制液。

(5)灌液　将放凉的腌料溶液缓缓倒入放鹑蛋的容器中,液面完全没过鹑蛋。

(6)密封腌制　盖好坛口盖,用塑料薄膜包裹,绳子扎紧口密封,进行腌制,鹌鹑蛋腌制需要大概7～10天即可启封食用。贮存温度10～30℃,温度越高,成熟越快。

4. 鹌鹑蛋罐头的加工　鹌鹑蛋罐头是鹌鹑蛋经五香料卤腌而成的罐头制品。其营养丰富、风味独特,可直接食用。

(1)技术标准

①感官指标　带蛋壳,蛋壳颜色呈本品种固有的褐色花斑,汤汁较透明。具有鹌鹑蛋应有的滋味及气味,无异味。同一罐中鹌鹑蛋大小大致均匀。每罐中允许有少量裂口蛋,不允许有明显露蛋白、露蛋黄的蛋存在。不允许存在杂质。

②理化指标 净重 500 克,固形物不低于净重的 50%,每罐允许有±5%的公差,但每批平均不低于规定。氯化钠含量:1%~2%。重金属:每千克制品中锡不超过 200 毫克;铜不超过 5 毫克;铅不超过 1 毫克。

③微生物指标 无致病菌及因微生物作用所引起的腐败征象。

(2)原辅料质量 采用新鲜或冷藏良好的鹌鹑蛋,蛋壳清洁,每千克约 90 个。腐败的、破碎及空头过大的陈蛋不得使用。味精、精制盐、白砂糖按国家有关标准执行。

(3)工艺流程 原料验收→冲洗、消毒→预煮、冷却→检查→装罐→排气→封口→杀菌、冷却→入库保温→包装。

(4)操作要点

①原料验收 挑选新鲜蛋,剔除次、劣蛋。

②冲洗、消毒 将选好的蛋轻轻放进筐内,用流水洗去壳上污物;再用有效氯 600~800 毫克/千克的漂白粉溶液浸泡 5~7 分钟。取出用清水冲洗 1 次,消毒液每 2 小时更换 1 次。

③预煮、冷却 将选好的蛋放到 40~50℃的温水中,蛋与水之比为 1:3,预煮时在水中加进 2%精制盐,慢慢加热至微沸,保持 5~8 分钟取出,放于流动水中充分冷却。

④检查 挑出露蛋黄及明显露蛋白、大裂口的蛋,如发现蛋壳有污物,应刷洗清洁后备用。

⑤配汤 精制盐 2.4 千克,白砂糖 200 克,味精 50 克,水约 100 千克。先在水中加入盐、糖,待沸溶后,调至汤汁 100 千克,关火停止加热,加进味精,搅拌溶解,过滤备用。

如果生产五香鹌鹑蛋罐头,需要先配制香料水。配方:八角 0.8 千克,白芷 0.3 千克,甘草 0.5 千克,花椒 0.5 千克,桂皮 0.6 千克,生姜 1 千克,大葱适量,清水 120 千克;将上述原料放入夹层锅内,加热微沸 60~90 分钟,过滤并加水调至 100 千克。此香料水可反复使用,但第二次使用前应再加配方的一半料,再次加热微沸。调味料配方:食盐 3.6 千克,砂糖 1.5 千克,酱油 4 千克,黄酒 2.4 千克,香料水 5 千克。先将清水、食盐、酱油、砂糖、香料水放入夹层锅内加热煮沸,撇除浮沫及污物,再加入黄酒和味精,取出过滤后调至 20 千克备用。

⑥装罐　玻璃瓶罐必须经清水洗净、控干水分后备用。天气较冷时,经保温处理后再用。将预煮好的蛋去皮(或带皮),排列整齐地装罐。要求蛋重不低于净重的 55%。然后,将 75℃ 以下的调味料浇入罐内。

⑦排气、封口　罐盖使用 214 号涂料铁,打上生产日期后,经沸水消毒,控干水分。排气温度 90～95℃,时间 10～12 分钟,及时封口,并逐罐检查封口质量。

⑧杀菌、冷却　密封后应及时杀菌,118℃加压至 0.1～0.2 兆帕,15～35 分钟。封口后,罐头存放时间不得超过 45 分钟,及时杀菌,冷却至 40℃,擦净罐外污物和水珠,入库保温。

5. 虎皮鹌鹑蛋的加工

(1)调味汤配方　食盐 2 千克,酱油 5 升,茴香 0.1 千克,桂皮 0.1 千克,味精 0.04 千克,白糖 0.5 千克,水 60 升。

(2)加工工艺　原料选择→清洗→分级→预煮→剥壳→油炸→配汤→装罐→排气→封罐→杀菌→冷却→保温→打检→包装→成品→擦罐。

(3)加工方法

①鲜蛋验收　用感官法和透视法检验,剔除次劣蛋和变质蛋。

②清洗分级　将合格的鲜蛋放入温度 30℃ 水中浸泡 5～10 分钟,洗掉蛋壳上的污物后捞出。按大小分级,使同一罐中的成品蛋大小一致。

③预煮、剥壳　将洗净的蛋放入 5% 食盐溶液中煮沸 3 分钟,待鹌鹑蛋熟透后捞出,立即用冷水冷却,然后剥壳。剥壳时勿损伤

蛋白。剥壳后放入温度 50℃的热水中浸泡 15～20 分钟,反复漂洗去除蛋壳膜。

④油炸 剥好的蛋沥干水分,放入温度 180～200℃的植物油中炸 3～5 分钟。待蛋白表面炸至深黄色并形成皱纹时捞出,沥干油。

⑤配汤 将茴香、桂皮等香辛料用纱布包好,放入清水中煮沸40～50 分钟,当有浓郁香味逸出时加入食盐等辅料。待食盐、白糖溶解后,停止加热,汤汁用纱布过滤,保持汤汁温度在 80℃以上。

⑥装罐 在已消毒的玻璃瓶中加入炸好的虎皮蛋 300 克,加上配制好的汤汁,扣上罐盖。

⑦排气、封罐 以热力排气,当中心温度达 80℃以上时以真空密封。

二、鹌鹑肉的加工与销售

(一)白条鹌鹑的加工与销售

鹑肉是养鹑的主要产品,将多余的雄鹑和淘汰蛋鹑出售,可提高养鹑的经济收入。也有专用肉鹑饲养,公母均供屠宰食用。根据消费者的要求,将宰好的鹌鹑及时速冻、装箱、运输、销售,屠宰好的鹌鹑在京、津、沪和沿海许多大中城市颇受消费者欢迎。为便于鹑肉的保存、运输以及食用,还可将鹑肉制罐头销售。大量蛋鹑产蛋结束淘汰后,有专门从事鹌鹑屠宰的人员收购、销售。他们往往采用不放血直接热水烫毛的方法,虽然减少了屠宰加工工序,但鹌鹑胴体发暗,影响美观,同时保质期也受到了影响。鹌鹑的屠宰加工一定要采取放血屠宰工艺,提高市场的竞争力。

1. 屠宰工艺 肉用鹌鹑屠宰应按畜禽屠宰卫生检疫规范

(NY 467)要求,经检疫、检验合格后,再按肉用仔鸡加工技术规程
(NY/T 330)进行加工。加工过程中不应使用任何化学合成的防
腐剂、添加剂及人工色素。

屠宰方法:首先左手抓住鹌鹑,用左手拇指和食指将鹌鹑头部
固定,右手持剪刀在鹌鹑下颌部剪短三管(食管、气管和血管),然
后将其放入大塑料桶中等放血完全后煺毛。将放血完全的鹌鹑置
于 60℃左右的热水中浸泡 2 分钟后,羽毛煺掉后清洗干净。随后
用剪刀在泄殖腔到腹部剪一切口,用手指伸进腹腔将内脏掏出、洗
净即可。鹌鹑可食部分占活重 48.3%,胸肉、腿肉占活重 38.5%。
可见鹌鹑虽小,但屠宰率较高,其胸肌、腿肌发达,肉用性能较好。

也有用专门的屠宰线进行鹌鹑屠宰,效率大大提高,节省了大
量的劳动力,是今后发展的方向。

2. 白条鹌鹑加工

(1)冷冻　需冷冻的产品,应在-35℃以下环境中,其中心温
度应在 12 小时内达到-15℃以下。

(2)包装　内包装标志应符合 GB 7718 的规定,外包装标志
应符合 GB/T 191 和 GB/T 6388 的规定。包装材料应符合 GB
11680 和 GB 9687 的规定。包装印刷油墨无毒,不应向内容物渗
漏。包装物不得重复使用。

(3)运输　产品运输时应使用符合食品卫生要求的冷藏车或
保温车,不得与有毒、有害、有异味的物品混放。

(4)贮存　冷冻鹌鹑肉应在-18℃以下的冷库内贮存,不得与
有毒、有害、有异味、易挥发、易腐蚀的物品同处贮存。

3. 白条鹌鹑检验

(1)感官指标　按 GB 16869 规定执行(表 8-1)。

表 8-1 鹌鹑肉感官指标

项　目	鲜禽产品	冻禽产品(解冻后)
组织状态	肌肉富有弹性,指压后凹陷部位立即恢复原状	肌肉指压后凹陷部位恢复较慢,不易完全恢复原状
色　泽	表皮和肌肉切面有光泽,具有禽类品种应有的色泽	
气　味	具有禽类品种应有的气味,无异味	
加热后肉汤	透明澄清,脂肪团聚于液面,具有禽类品种应有的滋味	
淤血面积(S)(厘米²) S>1 0.5<S≤1 S≤0.5	不得检出 片数不得超过抽样量的2% 忽略不计	
硬杆毛(长度超过12毫米或直径超过2毫米的羽毛)根数/10千克	≤1	
异　物	不得检出	
淤血面积指单一整禽或分割禽一片淤血面积		

(2)理化指标　应符合表 8-2 的规定。

表 8-2 鹌鹑肉理化指标

项　目	指　标
解冻失水率(%)	≤8
挥发性盐基氮(毫克/100克)	≤15
汞(Hg)(毫克/千克)	≤0.05
铅(Pb)(毫克/千克)	≤0.1

续表 8-2

项 目	指 标
砷（As）（毫克/千克）	≤0.5
六六六（BHC）（毫克/千克）	≤0.1
滴滴涕（DDT）（毫克/千克）	≤0.1
金霉素（毫克/千克）	≤0.1
四环素（毫克/千克）	≤0.1
土霉素（毫克/千克）	≤0.1
磺胺类（以磺胺类总量计）（毫克/千克）	≤0.1
氯羟吡啶（克球酚）（毫克/千克）	≤0.01
呋喃唑酮	不得检出
己烯雌酚	不得检出
氯霉素	不得检出

（3）微生物指标　鹑肉在饲养、屠宰、加工、贮存和运输过程中会受到微生物的污染，影响食用价值。微生物指标应符合表 8-3 的规定。

表 8-3　鹌鹑肉微生物指标

项 目	指 标
菌落总数，CFU/克	≤5×10^5
大肠菌群，MPN/100 克	<1×10^5
沙门氏菌	不得检出

4. 白条鹌鹑销售　白条鹌鹑主要以冷冻销售为主，大型水产、畜禽产品批发市场家禽区是主要的销售地点，批发市场货源集中，是一些饭店、卤肉制品店集中采购的场所，可以大量发货销售。屠宰后的白条鹌鹑可以在这些批发市场设点，建专用冷冻房，进行

贮存销售。

(二)鹌鹑肉熟食品的加工

1. 五香鹌鹑的加工工艺 五香鹌鹑呈酱红色,营养丰富,风味独特,方便卫生,很受消费者欢迎。加工五香鹌鹑的主要原料及其配比是:每50千克鹌鹑,用酱油5千克、盐13.5千克(12.5千克用于腌制,1千克用于卤煮)、糖1千克、黄酒500克、味精200克、亚硝酸钠5克、八角30克、花椒25克、茴香16克、桂皮15克、丁香10克、葱100克、生姜60克。其中五香料用纱布包扎在一起。加工工艺如下:

(1)宰杀 选用健康的活鹌鹑,宰杀热水浸烫去毛,剪去喙尖、趾脚、翅尖和肛门,去除内脏,用流水反复冲洗,使鹌鹑内外洁净。晾干水分,增加个体硬度。

(2)腌制 用盐量为鹌鹑重量的2.5%,腌制时间根据气温高低确定,冬季长,夏季短,在常温下一般1~2小时。腌制后,再用清水将鹌鹑洗干净。

(3)造型 压平鹌鹑胸脯,将两腿交叉,使跗关节套叠插入肛门的开口处。

(4)油炸 将经过造型的鹌鹑投入油锅内,油炸2~3分钟,锅内油温180~210℃。待表面呈棕黄色,便迅速捞出,依次摆放在筐内沥油冷却。

(5)卤煮 将各种配料放入锅中倒入老汤,并添加与鹌鹑等重的水,然后将油炸过的鹌鹑放入煮制,温度控制在90~95℃,时间1小时左右。

(6)冷却 将经过卤煮的鹌鹑从锅中捞出,保持完整,不破不散,再放进冷却间冷却(温度4~7℃)。

(7)包装 将冷却的鹌鹑在包装间中准确计量,用蒸煮袋包装,并用真空包装机抽真空和封口。

（8）灭菌　将已包装好的蒸煮袋放入高压杀菌锅内杀菌：温度121℃，压力12.7～14.5帕，时间5～10分钟。

（9）检测　从高压杀菌锅中取出蒸煮袋，擦干表面水分，检查有无漏气破袋，并逐批抽样进行理化微生物检验。

（10）装箱　将经检验的合格产品装入包装彩袋中封口，装入箱中，即可上市销售或入库贮存。其库温保持恒定，一般在0℃左右。

2. 烧烤鹌鹑

（1）腌制　各种生长阶段鹌鹑、淘汰蛋鹑均可用于烧烤，但以20日龄公仔鹑最佳，烤制时间短，方便食用。先把葱、姜、蒜切片备用，然后把花椒、胡椒、干辣椒炸油备用。把洗好的鹌鹑抹盐后，再用酱油和叉烧酱等调味料腌上半小时（如果想要上色深可以选择放入冰箱过夜腌制更长时间）。

（2）刷油　把腌好的鹌鹑肚子里面塞满备用的葱、姜、蒜，然后在鹌鹑身上刷上炸好的花椒油（也可用普通食用油，主要是为了上色好看）。

（3）入烤箱　将刷好油的鹌鹑放入烤箱，刚开始可以用高温烘烤，然后根据情况慢慢调节温度，同时也要拿出来不停地翻转和用刷子刷调料汁和植物油。也可以用木炭火明火烤制。

（4）食用　等烘烤到表皮有点脆脆的时候即可以食用。

3. 油炸鹌鹑

（1）原料　鹌鹑3只，鸡蛋1个，芡汤、麻油、绍酒、精盐、老抽、味精、生粉等各适量。

（2）原料准备　将鹌鹑剖开洗净，并且每只切成4块，拌入老抽、生粉、绍酒、味精，腌约15分钟。

（3）油炸　炒锅加油烧至沸时，将鹌鹑块逐块放入锅中炸，炸至金黄色捞出沥油待用。

（4）勾芡　将芡汤倒入锅内，拌入味精、精盐，用生粉打芡，加麻油搅拌均匀,淋在鹌鹑上,并撒上芫荽即可。

此菜补中益气,益智健脑,酥脆鲜嫩,清香可口。佐餐服食,每日1次。适用于智力发育不良者、记忆力减退者及脑力劳动者。

4. 鹌鹑肉干的加工

(1)宰杀　鹌鹑以剪断颈静脉宰杀较方便、干净,放血完全后应剥皮。收其两大腿及胸部肌肉,放在凉水中浸泡40~60分钟,浸拔肉中余血,沥干备用。

(2)初煮　将沥干的肉块(7~10千克)放入加有初煮辅料(白糖50克、精盐50克、甘草粉18克、姜粉10克、胡椒粉10克、花椒粉5克、苯甲酸钠5克、酱油700克)的锅中煮沸,及时撇去汤中的浮沫,煮1小时。

(3)切片　将初煮后的肉块捞在竹筛中冷却,然后把肉块切成4~5厘米长的肉片。

(4)复煮　将经过初煮后切成半成品的肉片5千克放入初煮的肉汤中,并加入复煮汤料300~500毫升(远志肉15克、枸杞子15克、益智仁10克,加水煮熬成300~500毫升的汤汁即成),再次煮沸,煮时不断翻动,待汤快熬干时,再加入料酒150克、味精20克,拌匀出锅。然后将出锅的肉片置于烤筛上摊开,冷却。

(5)烘干　将摊有肉片的烤筛放入烘箱中,温度控制在50~60℃,每隔60~100分钟调换1次烤筛位置,并翻动肉片,使其均匀干燥,7小时左右即可烘干,将烘干的肉片冷却后,装入食品塑料袋中,封口上市。

三、鹌鹑粪便加工与利用

家禽粪便污染是当前畜牧业污染的源头之一,随意排放将严重影响周边环境。粪便的无害化处理、资源化利用可在不同程度上减少有害物质向自然界的排放,提高综合收入,实现农业可持续发展。

鹌鹑养殖需要有固定的粪便贮存、堆放设施和场所,贮存场所有防雨、防止粪液渗漏和溢流等设施。污水排放符合 GB 18596—2001 畜禽养殖业污染物排放标准。

(一)鲜粪销售

鹌鹑粪肥在人工养殖的家畜与家禽当中肥效最高,其氮、磷、钾含量均超过鸡粪 2 倍以上。每吨鲜粪价格在 200～300 元,购买者主要是周边地区蔬菜、果树种植户。

(二)晒干处理

1 只成鹑每天可排泄粪便约 15 克左右,干燥后得 6 克左右,全年可积干鹑粪 2 千克以上。干燥处理后的鹌鹑粪便,便于贮存、运输与销售,价格远高于新鲜湿粪。价格在每千克 1 元左右,主要用于有机蔬菜、果树的种植。每天或隔天将鹌鹑承粪盘抽出,将鹑粪用专用工具刮到地面,然后集中运往水泥地面马路或专用晾粪场晒干(图 8-3)。

图 8-3　鹌鹑粪晾晒处理

(三)烘干处理

鹌鹑粪便烘干处理主要用途是生产有机肥。鲜鹌鹑粪经彻底去尘、净化、高温烘干、浓缩粉碎、消毒灭菌、分解去臭等工序,精制而成。鹌鹑粪烘干机构造同鸡粪烘干机,配套设备包括烘干主机、热风炉、螺旋上料机、除尘器、除臭塔、控制操作台等(图8-4)。1吨湿粪可以制得 0.4~0.5 吨干粪。鹌鹑粪便烘干处理耗能较大,对环境会造成一定污染,生产效益一般,要慎重考虑。生物发酵生产发酵有机肥是鹌鹑粪便资源化利用的方向。

图 8-4 鹌鹑粪烘干处理设施

(四)有机肥生产

鹌鹑粪便应经过发酵,因为粪便中含有大肠杆菌、线虫等病菌和寄生虫,直接使用导致病虫害的传播,对食用农产品的人体健康也产生影响。未腐熟有机物质在土壤中发酵时,容易滋生病菌与虫害,也导致植物病虫害的发生,还可能导致烧苗。因此要预先充分发酵,腐熟后才能施用。

　　传统发酵方法是对鹌鹑粪便进行堆积,使粪中温度达到60～75℃,让其自然发酵2～3个月。而用微生物发酵法处理鹑粪,不仅能提高鹑粪的肥效,而且使发酵过程大大加快,成本低廉,操作简单,易于推广,适合工厂化大规模处理鹑粪。鲜鹌鹑粪添加菌种发酵、机械搅拌、自动推移7～10天发酵,产出优质有机肥。高温堆肥处理的粪便应符合 NY 525—2012 的规定。在蛋鹌鹑饲养较多区域,建议集中建立生物有机肥加工厂(图 8-5)。

图 8-5　鹌鹑有机肥工厂化生产(好氧发酵处理)

(五)用于黄粉虫养殖

　　黄粉虫属杂食性,被称为"蛋白质宝库",采用 EM 厌氧发酵技术,使鹌鹑粪便经过发酵后,再用来饲养黄粉虫,从而达到对粪便的无害化处理,同时又将其转化为优质的蛋白质,用于家禽养殖或饲料生产,形成一条安全的"污染变资源"的生物转化链。

　　与纯粹的粪便发酵相比,添加适当的能量物质(玉米粉、麦麸)不仅可以保证 EM 微生物的正常生长需要,而且可以满足黄粉虫正常生长的能量需要,最大限度地发挥粪便的利用价值。做法是先将粪便进行风干粉碎,然后再进行发酵,这样可增大微生物发酵的接触面积,缩短发酵的时间,并且使发酵后的粪便颗粒均匀,风干后可直接用于饲喂黄粉虫。在饲养黄粉虫时添加玉米粉10%,较适宜黄粉虫的生长,而且比较经济。

四、鹌鹑场的经营与管理

鹌鹑场经营管理的主要任务是充分调动场内人员的生产积极性,充分利用场内的房舍、设备等条件,最大限度地发挥鹌鹑的生产潜力,以达到提高产品的产量和质量,降低生产成本,最终使鹌鹑养殖获得较高利润。在同样的房舍、设备、市场行情条件下,改善经营管理,往往可以使企业获得更多的经济效益,甚至能使亏损的养鹑场很快转亏为盈。

(一)鹌鹑场的经营

1. 鹌鹑场生产经营模式 近年来,鹌鹑养殖在全国各地获得了快速发展,但随着市场经济的进一步推进,一些矛盾和问题逐渐暴露出来。表现在:一是分散的一家一户小规模生产经营难以适应千变万化的大市场,产、供、销不能很好衔接,常常出现"买难"、"卖难"现象;二是生产饲养领域(与加工、销售领域相比)的效益低,影响了饲养户生产积极性和收入的增加。因此,鹌鹑产业化发展,生产、加工、贸易一体化经营是适应经济发展要求的必然趋势。

鹌鹑产业化经营的基本形式是市场+中介组织(龙头企业、技术协会或经纪人等)+农户。其中公司+农户,产、供、销一条龙是产业化经营的具体形式。从组成畜牧业产业化基本要素的关系看,农户(饲养户)是产业化的主体,市场是导向,中介组织是连接养鹑场与市场的纽带和桥梁。在鹌鹑产业化进程中,各地应根据

本地资源和市场优势,因地制宜,发展多种经营模式,主要有以下几种:

(1)龙头企业带动型　以经济实力较强的鹌鹑养殖、加工企业为龙头,围绕鹑蛋鹑肉产品的生产、加工、销售,外联国内外市场,内联农村饲养户,进行一体化经营。

龙头企业带农户又可分为:①供销社(流通企业)＋农户;②加工企业＋农户(工厂＋农户);③专业合作社(合作经济组织)＋农户;④专业大户＋农户;⑤农场＋农户。

龙头企业、公司或专业合作社的主要职能:

①生产组织与管理职能。把一个个的小规模饲养场(户)组织起来,采取统一品种、统一饲料、统一服务、统一生产计划和统一销售,提高养殖场(户)养殖成功率与劳动效率。统一品种有利于良种引进、选育与推广,从源头控制蛋传性传染病的发生,避免品种退化造成的养殖效益下降。统一饲料指根据鹌鹑品种各阶段的营养要求,统一提供全价配合饲料,降低饲料成本,避免养殖户自行配料造成成本增加,药物的滥用造成在产品中残留;统一服务指统一采购疫苗和兽药,执行统一的免疫程序和疾病防治程序,保证防疫效果,有效控制疫病的流行;统一生产计划指依据市场淡、旺季变化规律制定生产计划,通过调整计划,提高经营效益。

②技术服务职能。设立技术服务中心,为养殖场(户)提供技术指导和咨询服务,定期组织相关专家举办养殖技术经营管理讲座,解决生产中存在的问题,提高成员的生产管理水平。

③信息服务职能。及时向养殖户提供有关品种、饲养管理新技术、市场行情预报等方面的信息,让养殖场(户)及时了解行业动态及有关方面的信息资讯,为生产决策提供指导。

④产品销售职能。组织加工销售终端产品及副产品,通过产品销售渠道的增加,提高龙头企业或专业合作社在市场上的影响力。

（2）主导产业、产品带动型　即以名、优、新、稀、绿色等特色产品为龙头，实现区域化布局、规模化生产，实行生产、加工、销售一体化经营，最终形成优势明显、特色突出的产业化格局。河南省武陟县鹌鹑养殖基地即为此种类型。

（3）中介组织联动型　即以专营公司、服务公司、技术协会、销售体系等实体组织为桥梁和纽带，通过为基地、农户提供产前、产中、产后系列服务，上连企业、市场，下连基地、农户，帮助饲养户发展生产，引导饲养户进入市场，形成紧密型或松散型产业链条。

（4）科技实体启动型　即以科研院所、大专院校及大型工商企业创办的科技产品开发实体为中心，通过转让科技成果、选派科技人才、实行技术入股等方式，同基地、饲养户建立的集科、牧、贸为一体的产业经营组织。例如，河南省鹌鹑工程技术中心在河南省安阳市带动了蛋鹑业的发展。

（5）乡村组织推动型　即以乡镇政府、村委会及其集体经济组织为主兴办的各种产前、产中、产后社会化服务实体，服务范围大多为所属行政区域内，服务内容主要是组织生产资料的购进和产品销售，以解决饲养户"买难"和"卖难"问题。

（6）新型专业合作社型　合作社负责提供鹑苗、防疫用品、技术培训、饲料，统一组织产品销售一条龙服务。实施标准化养殖，规范化运作，标准化生产和产业化经营。

（7）"基地＋经纪人＋养殖户"型　经纪人联结养殖户和市场，以大市场带动千家万户的鹌鹑养殖，架起养殖户和市场的桥梁，成为产业化的龙头。为了确保市场供需平衡，每个经纪人应根据自己的日销量，与饲养户紧密联系，做到按市场生产，定价格收购，定时间销售，默契地形成了风险共担、利益均沾。

2. 鹌鹑场的经营方向　创办鹌鹑场时，首先确定鹌鹑场的经营方向，大体上可分为专业化鹌鹑场和综合性鹌鹑场两大类型。

(1)**专业化鹌鹑场** 可分为种鹌鹑场、肉鹌鹑场、蛋鹌鹑场三大类。

①种鹌鹑场 主要任务是培养、繁殖优良鹌鹑种源,向社会提供种蛋或种雏。种鹌鹑场一般要求一个场只能饲养一个品种,避免杂交或供种混乱。鹌鹑良种化对提高养鹑业的生产水平有着重要作用,也是发展鹌鹑生产种业安全的保障。种鹑场投资较大,技术要求高,通常由政府严格审批,确保供种质量。

②肉鹌鹑场 是专门饲养肉仔鹑的商品代鹌鹑场,为社会提供肉鹑。其规模可大可小,饲养周期短,技术要求低,在我国南方省、市得到了发展。近年来,北方对优质禽肉的需求增加,可以考虑发展。

③蛋鹌鹑场 专门饲养商品蛋鹑,向社会提供商品鹌鹑蛋和淘汰母鹑。其场规模可大可小,养殖者根据自身条件来发展,农户一般饲养规模以1万~3万只为宜,大中型专业化养鹑企业规模要达到10万只以上,太小不能产生规模效益。蛋鹌鹑场是目前我国鹌鹑养殖的主体。

(2)**综合性鹌鹑场** 设有饲料厂、种鹑场、孵化厂、商品鹌鹑场、屠宰场、鹑蛋鹑肉加工厂,为社会提供种蛋、鹑苗、商品蛋、鹑肉,销往国内外市场。其特点是生产规模大,经营项目多,集约化程度高,形成供应、生产、加工、销售一体化的联合企业体系,是现代化养鹑场的代表。

3. 市场调查与预测 鹌鹑场经营方向的确定,要进行市场调查和市场预测。只有经营方向正确,产品适销对路,符合社会发展需要,鹌鹑场才有发展前途,并从中获得利润,这也是鹌鹑场经营决策的依据和经营成败的关键。

(1)**市场调查的内容** ①鹑肉、鹑蛋、鹑苗的供求关系;②市场销售渠道、销售方法和销售价格;③产品的竞争能力;④农贸市场鹑肉、鹑蛋销售价格及成交情况;⑤养鹑设备供应情况等。

(2)市场预测的内容 ①本地区近阶段有何资源开发,新工矿区和新城镇建设及新交通干线的通行(航)所带来的人口增长对鹌鹑产品需求量的变化;②近阶段本地区新品种引进可能引起对原有品种种雏销售的冲击;③国际市场需求的变化可能造成的对鹌鹑产品出口量增减的影响;④饲料价格变化对养鹑业发展的影响等。

(二)鹌鹑场的管理

1. 技术管理 包括优良品种的选择、饲料全价化、设备标准化、管理科学化和防疫规范化。

(1)优良品种的选择 我国养鹑业历史虽然较短,但在整个特禽行业是发展最快的,经过 30 多年的发展,在引进国外优良品种的同时,也培养了许多新品种、新品系,特别是鹌鹑的自别雌雄配套系的发明填补了国际空白。发展鹌鹑生产,品种是基础,一定要选择适应性强、生长发育快、产蛋率高、饲料转化率高的优良品种,对提高生产水平,取得好的经济效益有十分重要的作用。

(2)饲料全价化 鹌鹑个体虽小,但采食量较高,饲料成本在养鹑生产中约占总成本的 75%～80%。因此,必须根据鹌鹑的不同生物学阶段的营养需要,合理配制日粮,提高饲料利用率,降低饲料费用,这是饲养管理的中心工作之一。

(3)设备标准化 现代化养鹑业的特点是高产、优质、高效。因此,必须利用先进的养殖设备,提高集约化生产水平,取得较高的经济效益。近年来实践证明:利用养禽机械可以大幅度提高劳动生产率,节约饲料成本,减少饲料浪费,提高鹌鹑的生产性能,并有利于防疫,减少疾病发生,提高成活率。如机械通风换气、喷雾降温、光照自动控制、自动饮水设备、自动喂料设备等,将有力地促进饲养水平的提高,提高经济效益。

(4)管理科学化　现代化养鹑场是由多部门组成,进行一系列复杂的经济活动和生产技术活动,因此必须合理组织和管理。在建场时,就需对鹑场类型、饲养规模、采取的饲养方式、投资额、饲料供应、技术力量、供销、市场情况等进行深入调查,进行可行性分析,然后作出决策。投产后需抓好生产技术管理、财务管理、人员管理和加强经济核算,协调对外的一系列经济关系等,使管理科学化。

(5)防疫规范化　养鹑场一般都采用集约化饲养,成千上万只鹌鹑养在同一个鹑舍,受疫病的威胁比较严重。因此,要在加强饲养管理的基础上严格消毒防疫制度、采用全进全出的饲养方式,制订科学合理的免疫程序,严防传染性疾病的发生。

(6)技术档案管理系统化　鹌鹑生产过程中每天所做的每项工作都应该有详细记录,这些记录要按照类型进行分类整理和存档。为生产和经营提供科学的参考依据,也是满足各项验收的原始资料。

2. 行政管理　为了保障鹌鹑场生产正常而有秩序地进行,必须建立一个精干的组织机构和一套科学、合理、健全的管理规章制度。

(1)组织机构　虽然各鹌鹑场的规模大小不一,经营方向不同,但组织机构的模式基本相似,如下所示。

场长 {
　→生产副场长→孵化、后备鹑、种鹑、蛋鹑、供销、技术、饲料车间等部门

　→行政副场长→办公室、车队、食堂、门卫、种植(绿化)、基建、物品采购、维修设备等

　→财务负责人→会计、出纳、生产统计、仓库(蛋库)等部门
}

(2)对管理人员的要求　场长是一个企业的领导中枢,是决定

企业成败的关键人物,作为大型鹌鹑场的场长应具备下列条件:①有较高的工作效率和较强的领导能力,与下级关系融洽,能听取下级的意见,交代工作清楚明了。②具有较丰富的实践经验,对下级每一个部门的工作不但熟悉,而且懂得如何做。只有这样才能指挥生产。③热爱自己的事业,富有自我牺牲精神,懂得心理学,善于随机应变,有工作魄力,善于解决困难。

其他各部门负责人,必须熟悉本部门的各项业务,并有一定的领导能力。工作要主动,要及时发现问题,及时解决,以减少损失。要善于和下级商量,听取他们的意见,要亲自检查、考核每个工作人员的工作情况,实事求是地给予表扬和批评。要注意对工作人员的培训,以提高工作效率。

(3)建立规章制度 鹌鹑场规章制度包括卫生防疫制度、物资财产管理制度、车辆管理制度、奖惩制度、考勤制度、学习制度等。在制定每项规章制度时,要交工作人员认真讨论,取得一致认识,提高工作人员执行各项规章制度的自觉性。领导要经常检查规章制度执行情况。为了使规章制度切实得到执行,还可适当运用经济手段。

3. 计划管理 鹌鹑场经营内容较为复杂,一定要编制好各项计划,才能保证鹌鹑场工作的正常运转。

(1)年度生产计划 是一个鹌鹑场全年生产任务的具体安排。制订生产计划,可根据场内拥有的设备和房舍面积,市场预测的需求情况以及鹌鹑场过去的生产情况进行。内容包括饲养鹌鹑的品种、数量和各项生产指标,场内所需的劳动力,饲料品种和数量,年内预期的经济指标及种蛋、种雏、鹑蛋、鹑肉的预计产量。还要对各阶段的鹑群进行生产安排,制订鹑群周转计划,提高笼具、房舍的利用效率。

(2)鹑群更新周转计划 首先要确定鹑群的饲养期。鹑群的饲养期一般划分为:雏鹑 0～3 周龄,后备鹑 3～5 周龄,产蛋鹑

6～52 周龄,肉仔鹑 0～6 周龄。根据种鹑、蛋鹑的使用年限来制订合理的鹑群更新计划。笼养种鹑可利用 1～2 年,但生产中一般多采取"年年清",这样做的好处是有利于疫病的控制与鹑舍的彻底消毒。育种场种鹑可利用 2～3 年,有利于育种的连续性,便于进行后裔选择的开展。一般生产性种鹑利用期较短,采种时间仅 8～10 个月,以确保种蛋、种苗质量,减少垂直传播疾病的发生与流行。商品蛋鹑产蛋利用期 10～12 个月,以达到高的产蛋率与饲养者利益的最大化。生产中主要考虑产蛋量、种蛋合格率、受精率、经济效益、育种价值来决定产蛋期的长短。

(3)产蛋计划　根据鹑群周转计划和每月平均饲养的产蛋母鹑数及其一定的产蛋率计划出各月的产蛋数,最后汇总成全年的产蛋计划。鹌鹑的产蛋性能受品种、饲料质量、疫病和外界环境等多种因素的影响,但可通过认真查阅过去积累的资料并进行分析,结合本场的饲养管理条件,订出较为切合实际的产蛋计划,方便鹑蛋的加工与销售。

(4)孵化计划　制订孵化计划时,必须根据孵化设备的生产能力及种蛋生产量(包括购入种蛋数)和市场对鹌鹑苗需求的预测,制订出详细的孵化计划。

(5)育雏计划　在制订育雏计划时,一般以育成合格率 98% 作为进雏数的依据,计划失调会造成生产过程脱节,致使鹑舍、设备、人力和饲料使用上的浪费。饲养肉用仔鹑,则要注意选择育雏季节(冬季成本最高)和销售的季节差价(春节等假日销售价格较高,而初夏价格最低)及棚舍利用率(肉用仔鹑平均饲养周期 42 天,采用全进全出制的,每批消毒空舍 15 天,每栋鹑舍全年可养 6 批),才能提高其经济效益。

(6)饲料供应计划　饲料是鹌鹑生产的物质基础,也是鹌鹑场生产总支出中占比例最大的部分,占 75%～80%。因此,做好鹌鹑场周密的饲料供应计划是提高鹌鹑的生产性能,降低饲养成本,增加经济收入的一项措施。饲料供应计划根据各类鹌鹑每天每只平均耗料标准和鹑群周转计划,计算出各种饲料的每月需要量,并要有一定的库存数(保证有 1 个月的耗料量),也不能一次进料过多,防止饲料发热、虫蛀、霉变,减少不必要的损失。同时要求饲料品种要相对稳定。

4. 生产技术管理 是完成生产任务和生产计划的重要环节和可靠保证。

(1)管理主要内容 ①制定技术标准和劳动定额。②制订全场综合性防疫措施、鹌鹑免疫程序和紧急疫情的控制措施。③做好兽药、疫苗的保管工作。④汇总技术资料和建立技术档案。⑤推广场内先进经验和国内外先进技术。⑥改进和调整饲料营养、提高饲料报酬。⑦检查和监督各项技术措施的执行、监测生产设备的运转状况。⑧通过调查研究,提出技术改进建议。⑨经常检查岗位责任制的执行情况,作为晋升、奖惩的依据。

(2)制订技术操作规程 技术操作规程是鹌鹑场生产中按照科学原理制订的日常作业的技术规范。饲养管理各项技术措施均要通过技术操作规程加以贯彻。其也是检查生产的依据。

技术操作规程按不同的生产部门、生产周期和鹑群的饲养阶段制订,如孵化技术操作规程、育雏技术操作规程、育成技术操作规程与产蛋期技术操作规程等。由于各个场的条件、特点不同,所以应结合本场的实际情况制订,并按不同的生产环节与内容,分段条列,这样比较系统全面,条文要求简明具体、切合实际。

5. 评价鹌鹑场经济效益的技术经济指标

(1)产量 鹌鹑养殖场的经济指标在很大程度上取决于产量指标的完成情况。产量可分为总产量和单产,单产指每只蛋鹑年平均产蛋量,每只肉鹑平均上市重量,每只种鹑的实际供种苗数量。

(2)质量 质量指标受产品本身质量和生产工作质量两个因

素的影响。产品本身质量的高低反映产品的使用效能的大小,它决定于产品内在质量和外观质量。例如,鹌鹑蛋的内在质量有蛋黄颜色、新鲜度、有无药残等,外观质量有蛋形及蛋壳颜色、强度、有无粪污等。生产工作质量反映生产、加工中的工作质量,如喂料有无撒料浪费,收蛋时破碎率等。

(3)消耗　饲料费用占成本 75%~80%。因此,养鹌鹑场中消耗指标主要是指饲料消耗,如料蛋比、料肉比等。

(4)劳动生产率　指产品产量(或产值)和活劳动消耗之比,又可分为生产工人劳动生产率和全员(全场职工)劳动生产率。用公式表示为:

劳动生产率＝产品产量/活劳动消耗(人年、工日、工时)

(5)资金效率　鹌鹑场资金按其周转方式的不同可分为固定资金和流动资金两种。

衡量固定资金利用效率的指标有:

①固定资金产值率　是指每占用百元固定资金能生产多少产值。固定资金产值率愈高,则固定资金利用效果愈好;反之,则差。

固定资金产值率＝全年总产值/年平均固定资产占用额×100%

②固定资金利润率　指每占用百元固定资金能生产多少利润。固定资金利润率愈高,则固定资金利用效果好;反之,则差。

固定资金利润率＝全年总利润/年平均固定资金占用额×100%

衡量流动资金利用效果指标有:

①流动资金周转率　在年度内,周转次数愈多,周转天数愈短,则流动资金周转愈快,流动资金运用效果愈好;反之,则差。

周转次数(次/年)＝商品年销售收入总额/流动资金年平均占
用额

周转天数(天/次)＝360/周转次数

②产值资金率　指每百元产值占用流动资金额。产值资金率
愈低,则流动资金运用效果愈好;反之,则差。

产值资金率＝流动资金平均占用额/总产值×100％

③资金利润率　指每百元流动资金创造利润额。资金利润率
愈高,则流动资金运用效果愈好;反之,则差。

资金利润率＝总利润/流动资金平均占用额×100％

(6)成本　包括以下几项:

①工资和福利费　指直接从事养鹑生产人员的工资和福利
费,如饲养员、卫生防疫工等人的工资和福利费,还包括管理人员
的分摊工资费用。

②饲料费　指饲养中耗用的自产和外购的各种饲料成本,如
外购饲料,在采购中的运杂费用也列入饲料费中。

③燃料和动力费　指饲养耗用的燃料和动力费。

④药品保健费　指鹌鹑整个饲养周期耗用的消毒药、保健药、
疫苗等费用。

⑤固定资产折旧费　指鹌鹑舍和专用机械设备(笼具、清粪设
施等)的固定资产基本折旧费。鹑舍使用年限较长,年综合折旧率
相应降低;笼具等专用机械设备使用年限较短,年综合折旧率相应
提高。

固定资产折旧费(元/年)＝固定资产原值×年综合
折旧率(％)

⑥固定资产修理费　固定资产修理费指上述固定资产所发生
的一切修理费,包括大修理折旧费和日常修理费。

（7）利润　利润指标系指销售利润，即税后利润。营业外收支系指与生产无关的收入或支出，如利息、罚款等。

销售利润＝销售收入－生产成本－销售费用－税收±营业外
　　　　收支

考核利润指标除上述资金利润率和固定资金利润率以外，还有产值利润率、成本利润率、人均创利销售利润率等，计算公式如下：

产值利润率＝年利润/年产值×100％

成本利润率＝销售利润/销售成本×100％

人均创利＝年利润/生产成本（或全员）

销售利润率＝销售利润/销售收入×100％

（8）量本利分析　又称盈亏平衡点分析。它是根据业务量（产量、销售量）和成本、利润三者的关系进行综合分析，用以预测利润和经营决策的一种数学分析方法。盈亏平衡点（保本点）是指业务收入和业务成本相交的临界点。如业务量正在临界点，则不盈不亏，如业务量在临界以上，则会盈利；如业务量在临界点以下，就会亏损。

保本点的业务量和业务额，可用下列公式计算：

保本点的业务量＝固定成本/（单位产品售价－单位产品变动
　　　　成本）

保本点的业务额＝固定成本/（1－变动成本/业务收入）

成本可以分为固定成本和变动成本。固定成本不随产量变化而变化，如固定职工工资、固定资产折旧费、共同生产费、企业管理费等。变动成本是随着产量变化而变化，如饲料费、燃料费和动力费、药品保健费等。

(9)生产临界值的计算

$$最低产蛋量(\%) = \frac{A \times B \times F}{E \times C} \times 100\%$$

生产成本界限 = A×B/C×D

日产蛋量界限 = A×B/C×E

耗料界限 = E×D×C/A

饲料占成本比率 = A×B/E×D

A:每千克饲料价格(元/千克)。B:饲料消耗量(千克/只·日)。C:饲料占成本比例(%)。D:产蛋重(千克/只·日)。E:每千克单价(元/千克)。F:每千克蛋数(枚/千克)

(三)提高鹌鹑场经济效益的途径

鹌鹑养殖场要想获得高收益,要充分挖掘生产潜力,增加生产,厉行节约,尽量减少饲料、能源等各种消耗,利用现有的鹑舍设备创造更多的产值。要增产节约,必须充分依靠和发挥鹌鹑场全体工作人员的积极性及创造性,并采取行之有效的措施。

1. 饲养优良的高产鹑群 饲养优良的高产品种,在同样的鹑群数量和饲养管理的条件下,就能使产品产量大幅度提高,从而使饲料开支减少,经济效益提高。

2. 发展规模养殖 鹌鹑场规模过小,实得利润一般少于应得的利润,也不能创造高额的利润,特别在产品价格较低的情况下。据对养鹌鹑场的调查表明,利润的增加与鹌鹑场规模成正比。规模较大的鹌鹑场,即使产品价格较低时,也可获得可观的利润,即所谓的规模效益。

3. 安排好鹑群周转 鹑群进场、出场应有周密的计划,如期周转鹑群充分利用鹑舍面积或笼位,不使鹑舍空着。因为鹑舍饲养量不足,同样要产生折旧等费用,无形中增加了成本。

4. 防止饲料浪费　饲料是鹌鹑场生产费用中主要的开支,如浪费 2％的饲抖,会使总支出费用增加约 1.5％,应采取各种有效措施,尽量杜绝饲料的浪费现象。

5. 防止能源浪费　鹌鹑场的水、电、煤用量很大,占总支出中相当多的费用,这方面往往被忽视。要想方设法节约能源,减少不必要的开支。

(四)当前发展鹌鹑养殖需要加强的环节

1. 加大宣传力度,培育消费市场　鹌鹑蛋、特别是鹌鹑肉目前市场接受程度并不高,还没有进入寻常百姓菜篮子,市场过于依赖一些大城市与少量的加工企业。目前蛋鹑饲养在全国分布较广,但鹌鹑蛋的消费主要集中在城市,呈点状消费,没有形成面,农村市场没有很好开发,有些地区属于空白地带。要想进一步扩大生产,需要逐步开拓消费市场,进一步宣传鹌鹑产品优势,实施品牌战略,加强产品的深加工,开拓产品销售市场,最终被广大消费者所认可。

2. 加强技术培训　针对目前禽病复杂,养殖风险大,养殖户缺乏基本的消毒防疫、饲养管理知识的现状,鹌鹑养殖协会要加强技术培训工作,普及基础的科学饲养管理知识和推广国内外先进的养殖技术,制定严格的饲养管理制度和防疫程序。同时要落实基地,抓好典型示范,做好鹌鹑标准化生产,培训生产技术骨干,提高了从业人员业务素质。加强科研与成果推广转化。

3. 依托高校,提高科技水平　近年来我国的鹌鹑生产取得了突飞猛进的发展,这与新技术、新产品的应用密不可分。目前我国鹌鹑饲养数量达到 2.5 亿只,成为第一养鹑大国,与我国高校广大科研工作者的辛勤工作和努力有关。南京农业大学、河南科技大学鹌鹑自别雌雄配套系的培育解决了初生鹌鹑雌雄鉴别难题。河南牧业经济学院养禽教研室专门从事家禽、特禽养殖技术研究与推广。在专家、教授的指导下,鹌鹑养殖科技含量不断提高,依靠科技进步、全面推广良种良法,不断提高科学养鹌鹑的水平。

4. 做好产品深加工 鹌鹑产品加工业是鹌鹑产业化的一个重要环节。搞好产品深加工,走产业化道路是新时期鹌鹑生产的必然选择。我国农业产业化水平整体比发达国家低,关键在于加工环节落后,致使农民增产不增收。过去鹌鹑养殖基地只重视鲜蛋和淘汰鹌鹑的销售,产品结构单一,销售受时间影响较大,产品积压只能降价销售,而且鲜蛋、活鹑还不便于长途运输。近年来,受国家宏观政策的影响,一批鹌鹑加工企业落户各鹌鹑生产基地,改变了多年来单一的鹌鹑产品销售模式,延长了鹌鹑产业链条,增加了销售渠道和鹌鹑养殖收益。

5. 新技术、新产品应用 现代家禽生产离不开科学技术,新的技术层出不穷。鹌鹑养殖要想取得高效益,离不开新品种和科学的管理方法。自别雌雄配套系、重叠式鹌鹑笼、鹌鹑自动喂料系统、鹌鹑自动清粪系统、自流杯式饮水器、全进全出生产制度、人工环境控制、科学免疫、全价配合饲料、无鱼粉日粮、最低成本饲料配方、电气孵化、鹌鹑粪便发酵生产有机肥等一系列新技术、新产品的应用促进了鹌鹑业的健康发展。

6. 产业化链接模式 鹌鹑养殖目前采取的产业化链接模式有"龙头企业＋基地＋农户"、"公司＋农户"、"专业合作社＋农户"等。建立鹌鹑养殖产业化链接模式,有效解决了鹌鹑生产的盲目性和无组织性,实现行业的健康发展。产业化链接模式优势有几个方面:①有利于降低生产成本,提高养殖效益。建立"龙头企业＋基地＋农户"产业化链接模式,提高了鹌鹑养殖的组织化程度,有效降低原材料的采购成本及产品销售成本,提高鹌鹑养殖的综合经济效益。②有利于实施标准化规模养殖,实施品牌经营战略。标准化的生产模式、规模化经营是实施品牌经营战略的基础,随着鹌鹑养殖产业化链接机制的不断完善,鹌鹑养殖的组织化程度会越来越高,为鹌鹑产品的加工及品牌运作奠定了坚实的基础。③有利于获得政策支持。政府职能部门对产业的支持是根据产业对地区经济的贡献大小及与相关政策的适合程度决定的,政府对扶贫项目、科技推广项目、标准化生产示范项目等的支持均面向有一定规模的企业或经济组织。因此,实施产业化链接模式可有效利用政府的相关政策,获得相应的政策、技术、资金方面的支持。

7. 成立鹌鹑养殖协会　为提高养殖技术水平,农业社会化服务是农业现代化的必然要求,也是现代农业区别于传统农业的重要标志。协会是连接生产与市场的中介组织,按照"民办、民营、民有、民受益"的原则,将从事鹌鹑养殖、经营的农民组织起来,实行自我管理、自我服务、自我约束、自负盈亏,主要提供一种服务功能。鹌鹑养殖技术协会充分利用外销内联的优势,在做大鹌鹑产业中发挥了不可或缺的作用,在加快农业社会化服务体系建设,提高农民组织化程度,做大地方特色产业,增加农民收入方面做出了贡献。

协会把小商品做成了大规模。任何一种产品都得讲究规模,市场经济在某种程度上就是规模经济,大之者兴,小之者亡。在市场经济条件下,农业生产的微观主体是分散的一家一户的农民,以农民为主体的经营组织迫切需要按照产业化组织起来,迫切需要其他组织提供自身能力之外的各种有效服务,最大限度地减少经营风险,确保获得比较稳定的收益。在鹌鹑养殖集中地区,成立鹌鹑养殖协会,加强主管服务部门的服务力度和政府的引导支持。广泛吸收鹌鹑经纪人、养殖大户参加协会,逐步办成了一个服务于鹌鹑产业化的中介服务组织,强化协会的社会化、中介化、服务化的功能。协会在鹌鹑流通与加工、良种引进与推广、防疫、饲料与兽药供应等方面发挥作用。培养善经营、懂业务、耐劳苦的运销经纪人,扩大销售市场。

协会制定章程和会员、财务管理、动物检疫、消毒隔离等制度，明确了协会和会员的权利和义务。协会定期召集会员开会，研究市场行情，交流饲养技术、防疫知识、市场信息，邀请专家授课培训。协会严格进行质量监督，实行质量责任追究制，以此保证鹌鹑蛋的信誉和品牌，确保以质取胜。

附　录

鹌鹑常用饲料成分及营养价值表

饲料名称	干物质（%）	代谢能（兆焦/千克）	粗蛋白质（%）	粗脂肪（%）	粗纤维（%）	钙（%）	磷（%）	有效磷（%）	赖氨酸（%）	蛋氨酸（%）	色氨酸（%）	胱氨酸（%）	精氨酸（%）
玉 米	86	13.56	8.6	3.5	1.6	0.04	0.25	0.06	0.27	0.15	0.07	0.18	0.38
小 麦	87	12.30	12.1	1.8	1.9	0.09	0.39	0.12	0.33	0.14	0.14	0.18	0.53
高 粱	86	11.00	8.7	1.8	7.8	0.13	0.28	0.08	0.22	0.08	0.08	0.12	0.32
碎 米	86	14.06	9.5	2.2	1.1	0.06	0.35	0.07	0.34	0.18	0.12	0.18	0.67
麸 皮	88.6	6.78	14.3	3.7	8.9	0.10	0.92	0.24	0.47	0.15	0.23	0.33	0.95
米 糠	87	9.28	14.7	12.5	7.4	0.14	1.81	0.31	0.56	0.25	0.16	0.20	0.95
豆 饼	88	10.29	47.8	5.6	5.5	0.33	0.5	0.15	2.45	0.48	0.60	0.60	3.18
豆 粕	89	9.83	42.8	1.6	5.2	0.32	0.62	0.19	2.54	0.51	0.65	0.65	3.40
菜籽饼	88	8.16	35.7	7.5	10.7	0.59	1.24	0.29	1.23	0.61	0.45	0.61	1.87
菜籽粕	88	7.41	38.5	1.4	11.8	0.65	0.96	0.29	1.35	0.77	0.51	0.69	1.98
棉籽粕	90	9.04	45	0.6	10.5	0.25	1.02	0.31	1.39	0.41	0.50	0.46	3.75
花生粕	88	10.88	45.5	6.8	5.9	0.25	0.52	0.16	1.35	0.39	0.30	0.63	5.16
玉米粕	89.9	9.37	20.8	7.8	6.3	0.06	0.85	0.23	0.69	0.23	0.17	0.34	1.12
芝麻粕	92.2	8.95	39.2	10.3	7.2	2.24	1.20	0.36	0.93	0.81	0.40	0.50	3.97
国产鱼粉	90	11.80	59.5	9.0	—	3.96	2.15	2.15	3.64	1.44	0.70	0.47	3.02
进口鱼粉	91	12.18	60.2	10.0	—	4.04	2.90	2.90	4.35	1.65	0.80	0.56	3.85
肉骨粉	93	9.96	50.0	8.5	—	9.20	4.70	4.70	2.60	0.57	0.26	0.33	3.34
血 粉	89	10.29	82.8	0.4	—	0.29	0.22	0.22	7.07	0.68	1.43	1.69	4.13

续　表

饲料名称	干物质(%)	代谢能(兆焦/千克)	粗蛋白质(%)	粗脂肪(%)	粗纤维(%)	钙(%)	磷(%)	有效磷(%)	赖氨酸(%)	蛋氨酸(%)	色氨酸(%)	胱氨酸(%)	精氨酸(%)
饲用酵母	91.5	10.54	52.4	0.8	—	0.16	2.92	—	2.32	1.73	0.44	0.78	1.86
苜蓿草粉	87	3.62	15.5	2.1	25.6	1.46	0.22	—	0.64	0.16	0.24	0.14	0.67
槐树叶	88	—	18.1	1.8	11.0	2.21	0.21	—	0.84	0.22	0.14	0.12	0.88
蒸制骨粉	93	—	10	—	—	24.0	10.0	10.0	—	—	—	—	—
脱胶骨粉	95.2	—	—	—	—	32.0	13.0	13.0	—	—	—	—	—
磷酸氢钙	95.2	—	—	—	—	23.29	18.0	18.0	—	—	—	—	—
贝壳粉	—	—	—	—	—	33.0	0.14	0.14	—	—	—	—	—
石　粉	—	—	—	—	—	35.0	—	—	—	—	—	—	—
植物油	—	36.82	—	—	—	—	—	—	—	—	—	—	—
动物油	99.5	32.22	—	—	—	—	—	—	—	—	—	—	—